全国中等职业教育水利类专业规划教材

水工混凝土施工

主　编　刘道南
副主编　谷明锐　李文奇

中国水利水电出版社
www.waterpub.com.cn

内 容 提 要

　　本书从水利水电工程建筑的角度，着重讲述了水工混凝土的施工工艺，介绍了混凝土的拌制、运输、浇筑等过程的施工方法，并列入了碾压混凝土、泵送混凝土、预应力混凝土施工工艺等内容，对混凝土的养护、缺陷修补、质量检验与控制、安全防护也作了阐述。

　　本书可作为水利水电工程技术专业的教材和水利水电类技术工人技术等级考核培训用书，也可供从事混凝土工作的技术人员参考。

图书在版编目（CIP）数据

水工混凝土施工 / 刘道南主编. -- 北京 ：中国水利水电出版社，2010.3 (2018.8重印)
全国中等职业教育水利类专业规划教材
ISBN 978-7-5084-7364-2

Ⅰ．①水… Ⅱ．①刘… Ⅲ．①水工建筑物－混凝土施工－专业学校－教材 Ⅳ．①TV544

中国版本图书馆CIP数据核字(2010)第047958号

书　　名	全国中等职业教育水利类专业规划教材 **水工混凝土施工**
作　　者	主编 刘道南　　副主编 谷明锐 李文奇
出版发行	中国水利水电出版社 （北京市海淀区玉渊潭南路1号D座　100038） 网址：www. waterpub. com. cn E - mail：sales@ waterpub. com. cn 电话：(010) 68367658（营销中心）
经　　售	北京科水图书销售中心（零售） 电话：(010) 88383994、63202643、68545874 全国各地新华书店和相关出版物销售网点
排　　版	中国水利水电出版社微机排版中心
印　　刷	北京市密东印刷有限公司
规　　格	184mm×260mm　16开本　12.25印张　290千字
版　　次	2010年3月第1版　2018年8月第2次印刷
印　　数	4001—5500册
定　　价	**34.00元**

前　言

　　本书是根据教育部《关于进一步深化中等职业教育教学改革的若干意见》（教职成〔2008〕8号）及全国水利中等职业教育研究会2009年7月于郑州组织的中等职业教育水利水电工程技术专业教材编写会议精神组织编写的，是全国水利中等职业教育新一轮教学改革规划教材，适用于中等职业学校水利水电类专业教学。

　　本书在编书过程中注重基本理论，同时力求紧密联系生产实际，着重讲述了水工混凝土的施工工艺，介绍了混凝土的拌制、运输、浇筑等过程的施工方法，并列入了碾压混凝土、泵送混凝土、预应力混凝土施工工艺等内容，对混凝土的养护、缺陷修补、质量检验与控制、安全防护也作了阐述。

　　本书按国家现行规范、标准、规程和法定计量单位编写，并按有关标准统一了全书的符号和基本术语，力求概念清楚、简明实用、便于自学。

　　本书除满足水利水电类中等专业学校的有关专业教学要求外，同时可作为水利水电类技术工人技术等级考核培训用书，也可供从事水利水电工程建设和从事混凝土工作的技术人员参考。

　　本书由江西省水利水电学校刘道南任主编，四川省绵阳水利电力学校谷明锐、河南省水利水电学校李文奇任副主编。其中：刘道南编写绪论、第一章、第十章，谷明锐编写第八章，李文奇编写第三章、第四章。另外，宁夏水利电力学校宋华栋编写第五章。甘肃省水利水电学校徐洲元编写第二章、第十一章，新疆维吾尔自治区水利学校唐革编写第九章，河南郑州水利学校芈书贞编写第七章，唐革、芈书贞共同编写第六章。

　　由于编者的水平有限，本书难免存在不妥之处，希望广大师生和读者批评指正。

编　者

2010年1月

符 号 对 照 表

A——浇筑仓面最大水平面积，m^2；混凝土强度关系的回归系数；

A_P——预应力筋的截面面积；

B——混凝土强度关系的回归系数；

Fi——混凝土抗冻等级；

$f_{cu,o}$——混凝土配制强度，MPa；

$f_{cu,k}$——混凝土设计龄期的立方体抗压强度标准值，MPa；

$f_{cu,z}$——混凝土早期的立方体抗压强度，MPa；

f_{tk}——混凝土抗拉强度，MPa；

$f_{cu,z}$——混凝土早期的立方体抗压强度标准值，MPa；

$f_{cu,t}$——混凝土推定的立方体抗压强度标准值，MPa；

$f_{cu,min}$——n 组混凝土立方体抗压强度中的最小值，MPa；

f_{ce}——水泥 28d 龄期抗压强度实测值，MPa；

i——水力梯度（作用水头与抗渗混凝土厚度的比值）；

H——浇筑厚度、水头，m；

K——混凝土浇筑时间延误系数、合格判定系数；

K_1——泵送混凝土黏着系数，Pa；

K_2——泵送混凝土速度系数，Pa/（m·s）；

L_{max}——混凝土泵的最大水平输送距离，m；

L_0——预应力钢筋冷拉后需要长度，mm；

l——张拉台座长度（包括横梁），mm；

l_1——镦粗头长度（包括锚板），mm；

l_2——夹具长度，mm；

l_3——千斤顶需要长度（顶脚至尾部夹具末端之间的距离），mm；

$mf_{cu,k}$——混凝土立方体抗压强度平均值，MPa；

m_w——每立方米混凝土用水量，kg；

m_c——每立方米混凝土水泥用量，kg；

m_p——每立方米混凝土掺合料用量，kg；

m_s——每立方米混凝土砂子用量，kg；

m_g——每立方米混凝土石子用量，kg；

$m_{c,e}$——每立方米混凝土拌和物质量假定值，kg；

$m_{c,c}$——每立方米混凝土拌和物质量计算值，kg；

$m_{c,t}$——每立方米混凝土拌和物质量实测值，kg；

$m_{s,g}$——每立方米混凝土中砂、石的总质量，kg；

m_{wo}——施工配合比每立方米混凝土用水量，kg；

m_{co}——施工配合比每立方米混凝土水泥用量，kg；

m_{po}——施工配合比每立方米混凝土掺合料用量，kg；

m_{so}——施工配合比每立方米混凝土砂子用量，kg；

m_{go}——施工配合比每立方米混凝土石子用量，kg；

P_i——混凝土抗渗等级；

P_m——掺合料的掺量，%；

P_{max}——混凝土泵的最大出口压力，Pa；

Q——混凝土浇筑的实际生产能力，m³/h；

r——预应力钢筋冷拉伸长率，%；

S_v——砂率，%；

S_1——泵送混凝土混凝土坍落度，cm；

S_{10}——混凝土拌和物加压至 10s 时的相对泌水率，%；

t——概率度系数；

T_1——混凝土运输、浇筑所占时间，h；

T_2——混凝土初凝时间，h；

T_i——混凝土按坍落度分级；

T_l——试配时混凝土要求的坍落度，mm；

T_V——混凝土入泵时要求的坍落度，mm；

$\dfrac{t_2}{t_1}$——混凝土泵分配阀切换时间与活塞推压混凝土时间之比；

$V_{s,g}$——每立方米混凝土中砂、石的绝对体积，m³；

V_i——混凝土按维勃稠度分级；

V_2——泵送混凝土拌和物在输送管内的平均流速，m/s；

V_{10}，V_{140}——混凝土拌和物加压至 10s 和 140s 时的泌水量，mL；

$w/(c+p)$——水胶比；

w/c——水灰比；

α——混凝土含气量，%；

α_2——泵送混凝土径向压力与轴向压力之比；

δ——混凝土配合比校正系数、预应力钢筋冷拉后的弹性回缩率；

σ——混凝土抗压强度标准差，MPa；

σ_{con}——预应力筋的张拉控制应力，MPa；

ρ_w——水的密度，kg/m³；

ρ_c——水泥密度，kg/m³；

ρ_p——掺和料密度，kg/m³；

ρ_s——砂子表观密度，kg/m³；

ρ_g——石子表观密度，kg/m³；

Δ——钢筋每个对焊接头的压缩长度，mm；

ΔP_H——混凝土在水平输送管内流动每米产生的压力，Pa/m；

ΔT——试验测得在预计时间内的坍落度损失，mm；

O——泵送混凝土输送管半径，m。

目 录

绪　论

由胶结材料（无机的、有机的或无机有机复合的）、颗粒状骨料以及必要时加入化学外加剂和矿物掺合料组分合理组成的混合料经硬化后形成具有堆聚结构的复合材料称为混凝土。

一、混凝土的分类

（一）按混凝土的结构分类

（1）普通结构混凝土。它由（重质或轻质）粗骨料、（重质或轻质）细骨料和胶结材料制成。若以碎石或卵石、砂和水泥制成者，即是普通混凝土。

（2）细粒混凝土。它仅由细骨料和胶结材料制成。

（3）大孔混凝土。它仅由（重质或轻质）粗骨料和胶结材料制成。骨料粒子外表包以水泥浆，粒子彼此为点接触，粒子之间有较大的空隙。

（4）多孔混凝土。这种混凝土既无粗骨料、也无细骨材，全由磨细的胶结材料和其他粉料加水拌成的料浆用机械方法或化学方法使之形成许多微小的气泡后再经硬化制成。

（二）按密度分类

（1）特重混凝土。密度大于 $2500kg/m^3$，主要用于原子能工程的屏蔽材料。

（2）重混凝土。密度在 $1900\sim2500kg/m^3$ 之间，主要用于各种承重结构中。

（3）轻混凝土。密度在 $500\sim1900kg/m^3$ 以上的多孔混凝土，其中包括了密度为 $800\sim1900kg/m^3$ 的轻骨料混凝土和密度在 $500kg/m^3$ 以上的多孔混凝土，主要用于承重结构和承重隔热制品。

（4）特轻混凝土。密度在 $500kg/m^3$ 以下，包括密度在 $500kg/m^3$ 以下的多孔混凝土和用特轻骨料（如膨胀珍珠岩、膨胀蛭石泡沫塑料等）制成的轻骨料混凝土，主要用作保温隔热材料。

（三）按胶结材料分类

1. 无机胶结材料混凝土

（1）水泥混凝土。它以各种水泥为胶结材料，其水化矿物胶凝物质由水泥熟料矿物的水化反应获得。

（2）石灰—硅胶结材料混凝土（即硅酸盐混凝土）。它由石灰和各种含硅原料（砂及工业废渣等）以水热合成方法来产生水化矿物胶凝物质。

（3）石膏混凝土。它以各种石膏为胶结材料制成。

（4）水玻璃—氟硅酸钠混凝土。它以水玻璃为胶结材料，以氟硅酸钠为促硬剂制成。

2. 有机胶结材料混凝土

（1）沥青混凝土。它以沥青为胶结材料制成。

（2）聚合物胶结混凝土。它以纯聚合物为胶结材料制成。

3. 无机有机复合胶结材料混凝土

（1）聚合物水泥混凝土。它是在水泥混凝土混合料中掺入聚合物或者用掺有聚合物的水泥制成。

（2）聚合物浸渍混凝土。它是以水泥混凝土为基材，用有机单体液浸渍和聚合制成。

（四）按用途分类

主要有结构用混凝土、隔热混凝土、装饰混凝土、耐酸混凝土、耐碱混凝土、耐火混凝土、道路混凝土、大坝混凝土、收缩补偿混凝土、防护混凝土等。此外，还有按混凝土性能和制造工艺分类等。

尽管混凝土的类别很多、性能各异，但它们大都属于堆聚结构，都服从于某些控制混凝土行为和性质的共同规律。混凝土工艺的基本任务之一就是要应用这些规律。

二、混凝土的特点

清水混凝土是无表面装饰的混凝土，表面平整、颜色均匀一致，没有蜂窝、麻面、露筋、平渣、粉化、锈斑、明显气泡，在结构的部位无缺棱掉角，梁、柱的接头平滑方正，接缝无明显痕迹。国内已在桥梁结构、道路设施、大坝和大型公共建筑的地下室、车库等工程中应用，这些混凝土结构在施工中一次成型，无须抹灰装饰，因施工工期短而降低工程造价，是建筑工程发展的一个重要方向，并广泛应用于工业建筑，公路桥梁、铁路、水利、港口码头、市政等。

对混凝土配筋虽然使混凝土可用于受弯和受拉构件，但并未解决混凝土容易产生裂纹的问题。用张拉钢筋对混凝土预先施以压应力的方法可以保证混凝土构件在荷载作用下既能抗拉又不致形成裂纹，特别是应用高强材料时，预应力方法最为有效。预应力混凝土的出现，是混凝土技术的一次飞跃。它是通过预应力锚具张拉钢筋或高强钢丝的外部条件对混凝土改性。由于预应力技术在大跨建筑、高层建筑以及在抗震、防裂、抗内压等方面的卓越效果，从而大大地扩展了混凝土的应用范围。混凝土的应用已从一般的工业与民用建筑、交通建筑、水工建筑等领域扩展到了海上浮动建筑、海底建筑、地下城市建筑、高压储罐、核电站容器等领域。

利用膨胀水泥生产收缩补偿混凝土和自应力混凝土是混凝土技术的另一突出成就，其本质是变混凝土的收缩性为膨胀性以克服混凝土收缩裂纹的产生并应用膨胀性能来张拉钢筋。这是一种内外条件相结合的改性。膨胀水泥广泛用于工业与民用建筑、路面、贮罐自应力管、防水防渗结构、管道接头、二次灌浆等方面。

高效能减水剂的应用是混凝土技术的重大发展。在混凝土混合料中掺入减水剂可以大幅度地降低水灰比（降至 0.25～0.30）和提高强度，或者急剧地提高混凝土的流动性（坍落度可达 200mm 以上），混凝土的拌制、运送、浇注和成型等工艺过程变得容易，使混凝土性能得到改善。目前，由于技术上和经济上的优越性，减水剂已成为混凝土应用极广的外加剂。

制作聚合物浸渍混凝土、聚合物水泥混凝土以及聚合物胶结混凝土，使混凝土利用了有机无机复合胶材和高分子有机胶结材。由于聚合物进入混凝土材料中，大大提高了混凝土的物理力学性能。例如，聚合浸渍混凝土的抗压强度和抗拉强度较其基材可提高 2～4

倍（最高抗压强度已达 250～280MPa）。这种混凝土有很高的耐腐蚀性能，它几乎不吸水、不渗水，抗渗压力可达 50MPa，抗冻融循环在 1000 次以上。

由于混凝土技术的不断进步，特别是近期以来的快速发展，世界各国使用的混凝土平均强度不断提高。目前，在工业发达国家，C60 的混凝土已经普遍采用，C80 的混凝土用量不断增加，而 C100 以上的混凝土则已应用于工程上。在混凝土用量方面，全世界平均每年每人超过 1000kg 以上。

尽管混凝土可以达到很高的抗压强度，但相对而言，其抗拉强度却提高不快，拉压比总是保持在 1/10 左右。混凝土破损时，表现出典型的脆性材料突然破坏的缺点。这个缺点大大地限制了混凝土材料的应用范围。为了降低混凝土的脆性、提高其延性，人们进行了长期的研究，提出了分散配筋的主张，使得配筋混凝土具有某些匀质材料的性能，于是出现了大跨度的钢筋混凝土建筑物和薄壳结构。后来，人们更进一步提出了纤维配筋的概念。由于纤维对混凝土的分散配筋，大大地提高了混凝土的抗裂性，增加了混凝土的延性。目前，石棉纤维、有机合成纤维、金属纤维等均应用于纤维增强混凝土中。

混凝土及其制品另一缺点是自重大。随着建筑技术的发展，建筑物趋向高层和大型化。因此，减轻高层建筑和大跨度结构的自重是十分重要的课题。除采用高强度混凝土以减小构件的截面外，降低混凝土本身的自重也是十分重要的任务。为了有效地减轻混凝土的自重：一是采用轻骨料制成轻骨料混凝土；二是在混凝土中加入气泡，制成多孔混凝土。目前，结构用轻骨料混凝土多为 C30～C50，最高强度等级已达 C80。这些高强度轻骨料混凝土广泛用于高层建筑、大跨度桥梁以及高强度预制构件上。墙体用轻料的密度主要向着小于 $500kg/m^3$ 方向发展，用这种轻骨料制成的混凝土的强应为 5～10MPa，而密度则在 $1000kg/m^3$ 以下。多孔混凝土，特别是加气混凝土的自重很轻，保温隔热性能好，并且具有可加工的优点。

虽然混凝土的价格比其他建筑材料（钢材、有色金属、木材等）低，消耗的能源也较小。但是，由于它的用量甚大，因此，节约资源和能源仍然具有极为重要的经济意义。利用地方性材料和工业废渣生产硅酸盐混凝土是就地取材、节约水泥、降低建筑成本、节约能源的有效途径之一。特别是灰砂硅酸盐混凝土具有优良的物理力学性能，其抗压强度可达 70MPa 以上。和水泥混凝土相比，硅酸盐混凝土的成本要低 25%～30%。如用硅酸盐混凝土代替水泥制作构件（以 1000kg 水泥制作的混凝土计），平均可以节约 200kg 标准燃料。除此之外，应用工业废渣制作硅酸盐混凝土制品，不但可以节约大量的工业废料处理费用和堆置废渣所需的场地，而且是保护环境、化害为利的有效措施。

三、学习《水工混凝土施工》的目的

《水工混凝土施工》是培养学生牢固掌握各类混凝土的各种参数与结构和性能之间关系的基本理论以及各种混凝土的基本试验技术和施工工艺，使学生能根据实际工程针对各种混凝土的使用要求，正确地选用原材料，合理地设计和选用它们的配合比，最后制成经济、适用、耐久的混凝土，为学生今后从事混凝土工作准备必要的理论基础和基本的工艺技能，使学生今后能适应混凝土工艺日益发展的需要。

第一章 混 凝 土 基 础 知 识

水利水电工程建筑中，常常使用水工混凝土。水工混凝土是用于水利水电工程的挡水、发电、泄洪、输水、排沙等建筑物，密度为 $2400kg/m^3$ 左右的水泥基混凝土。

水工混凝土由石子、砂、水泥、掺合料、水等组成（图1-1），胶凝材料或水泥浆的作用是包裹在骨料表面并填满骨料间的空隙，作为骨料之间的润滑材料，使尚未凝固的混凝土拌和物具有流动性，并通过胶凝材料或水泥浆的凝结硬化将骨料胶结成整体。石子和砂起骨架作用，称为"骨料"。石子为"粗骨料"，砂子为"细骨料"。砂子填充石子的空隙，砂石构成的坚硬骨架可抑制胶凝石（未加掺合料的称水泥石）干燥而产生的收缩。在水工混凝土中，胶凝石或水泥石约占混凝土体积的 25%～35%，骨料占 65%～75%（图1-2）。

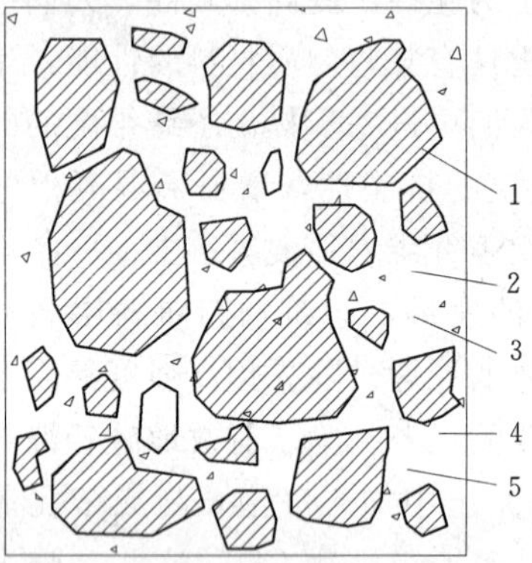

图1-1 水工混凝土结构示意图
1—石子；2—砂；3—水泥；
4—掺合料；5—气孔

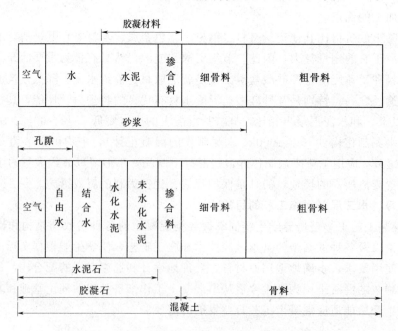

图1-2 水工混凝土组成示意图

第一节　混凝土的组成材料

水工混凝土的主要组成材料是水泥、掺合料、水、砂子、石子。为了改变混凝土的某些特性，在混凝土中往往还要加入一些外加剂。

一、水泥

1. 水泥品种的选择

选择水泥品种的原则是根据环境条件、建筑物的特点及混凝土所在的部位，力求做到在满足工程质量要求的前提下造价最低。例如，水位变化区的外部混凝土、建筑物的溢流面和经常受水流冲刷部位的混凝土、有抗冻要求的混凝土，应优先选用中热硅酸盐水泥，普通硅酸盐水泥。环境水对混凝土有硫酸盐侵蚀时，应选用抗硫酸盐水泥。大体积建筑物的内部、位于水下及基础中的混凝土，应选用低热硅酸盐水泥。

2. 水泥强度等级的选择

水泥强度等级的选择，应与混凝土的设计强度等级相适应。一般情况下，水泥强度等级为混凝土强度等级的 1.5～2.0 倍为宜。配置高强度等级混凝土时。水泥强度等级应是混凝土强度的 0.9～1.5 倍。用高强度等级水泥配制低强度等级混凝土时每立方米混凝土的水泥用量偏少，会影响混凝土的和易性和密实性，所以，混凝土中应掺一定数量的掺合料，如粉煤灰等。建筑物外部水位变化区、溢流面和经常受水流冲刷部位的混凝土以及受冰冻作用的混凝土，所用水泥强度等级不宜低于 42.5。

二、掺合料

掺合料是指用于拌制水泥混凝土时，掺入的粉煤灰、凝灰岩粉、矿渣微粉、硅粉、粒化电炉磷渣、氧化镁等材料。粉煤灰、矿渣粉、硅粉等在水泥水化析出的氢氧化钙等碱性激发剂作用下具有较高的水化活性，所以将它们与水泥一起统称为胶凝材料。

掺合料掺用的品种和掺量应根据工程的技术要求、掺合料品质和资源条件，通过试验论证确定。掺合料每批产品出厂时应有产品合格证，主要内容包括：厂名、等级、出厂日期、批号、数量及品质检验结果等。掺合料的品质检验按现行国家和有关行业标准进行。掺合料应储存在专用仓库或储罐内，在运输和储存过程中应注意防潮，不得混入杂物，并应有防尘措施。

普通粉煤灰密度为 $1.8～2.3g/cm^3$，约等于硅酸盐水泥的 2/3。粉煤灰堆积密度为 $0.6～0.9g/cm^3$，表观密度为 $1.0～1.3g/cm^3$。

三、水

混凝土用水按水源可分为饮用水、地表水、地下水、海水以及适当处理后的工业废水五大类。其中地表水包括江、河、淡水湖的水，地下水中包括井水，工业废水包括工厂排放的废水、混凝土生产的冲刷水等。

地表水和地下水情况很复杂，若总含盐量及有害离子的含量大大超过规定值时，必须进行适用性检验合格后，方能使用。

考虑到海岸地区的特点，素混凝土允许用海水，但不得用于钢筋混凝土和预应力混凝土中，有饰面要求的混凝土不能用海水，因海水有引起表面潮湿和盐霜的趋向。海水也不能用于高铝水泥拌制的混凝土中。

各种混凝土所用的水应采用符合国家标准的混凝土拌和用水。

四、砂子

粒径为 0.16～5mm 的骨料属于砂的范围。砂可分为天然砂和人工砂两类。

天然砂是由岩石风化等自然条件作用形成的。按产源天然砂可分为河砂、海砂和山砂等。河砂、海砂颗粒圆滑、质地坚固，但海砂中常夹贝壳碎片及可溶性盐类，会影响混凝土强度。山砂系岩石风化后在原地沉积而成，颗粒多棱角，并含有黏土及有机杂质等，坚固性差。河砂比较洁净，所以配制混凝土宜采用河砂。

人工砂是岩石经轧碎筛选而成。人工砂富有棱角，比较洁净，但细粉、片状颗粒较多，成本高。在天然砂缺乏时，也可考虑用人工砂。

1. 砂的物理性质

（1）砂的表观密度、堆积密度、空隙率。

1）表观密度：砂的表观密度与造岩矿物有关，一般为 2.6～2.7g/cm³。

2）堆积密度：堆积密度与堆积密实程度和含水量有关，一般为 1450～1650kg/m³，在捣实状态下约为 1600～1700kg/m³。

3）空隙率：若砂处于潮湿状态，其堆积密度将会随砂中含水率增加而增大，而且砂子的体积也发生膨胀或回缩。砂子的空隙率一般为 35%～45%，颗粒级配好的为 35%～37%，特细砂可达 50%。

（2）砂子的含水量。由于砂中含水量不同，将会影响混凝土的拌和水量和砂的用量。所以，在混凝土配合比设计中为了有可比性，规定砂的用量应按干燥状态为准计算。也可以既不吸收混凝土中的水分，也不带入多余水的饱和面干状态为准计算。对于其他状态的含水率应进行换算。

2. 有害物质含量

云母是光滑的薄片与水泥黏结不牢，会降低混凝土的强度；轻物质如煤，会降低混凝土的强度和耐久性；硫化物与硫酸盐的存在会腐蚀混凝土，引起钢筋锈蚀，降低混凝土强度和耐久性；有机质含量多，会延迟混凝土的硬化，影响强度的增长。

3. 坚固性

砂子应该质地坚硬，应做坚固性试验。砂子坚固性是砂在气候，环境变化或其他物理因素作用下抵抗破裂的能力。砂的坚固性用硫酸钠溶液检验，试样经 5 次循环后砂样被破坏的百分数作为砂子的坚固性指标，称坚固性系数。水工混凝土用砂的坚固性系数应小于 8%。

4. 砂的颗粒级配与粗细程度

骨料的颗粒组成如何，是以混凝土混合料在施工中是否分层和硬化后是否满足设计的密实性和强度来评定的。砂的空隙率小，混凝土骨架较密实，填充砂子空隙的水泥浆则少；砂总面积小，包裹砂子表面的胶凝材料或水泥浆用量则少。因此，为保证混凝土质量，节约水泥用量，配制混凝土时，应采用空隙小和总表面积小的砂为佳。

砂的总表面积的大小取决于砂的粗细程度，而空隙率的大小又取决于颗粒级配的好坏。

（1）粗细程度。砂子的粗细程度是按不同粒径的砂粒，混合后的平均粗细程度。在相同用量条件下，细砂的表面积大、粗砂的表面积小。为了获得比较小的表面积，并节约混凝土中的水泥用量，应尽量多采用较粗的颗粒。但颗粒过粗，易使混凝土拌和物产生泌水，影响和易性。若砂中粗颗粒过多，中小颗粒搭配又不好，会使砂空隙率增大。

（2）颗粒级配。砂的颗粒级配是指大小不同颗粒相混合后比例。

砂的颗粒粗细与级配都可用标准筛进行的筛分析试验来确定。砂的粗细程度用细度模数表示，颗粒级配可用级配曲线来表示。

五、石子

由天然岩石或卵石经破碎、筛分而得的、粒径大于 5mm 的岩石颗粒称为碎石；岩石由自然条件作用而形成的、粒径大于 5mm 的颗粒称为卵石。

水工混凝土用石子（碎石、卵石）总的要求与砂子类似，即清洁、质地坚硬、级配良好、细度适当。

1. 物理性质

（1）表观密度：石子包括内部封闭孔隙时，颗粒的单位体积质量称为表观密度，随岩石的种类而异，约为 $2.5 \sim 2.7 \text{g/cm}^3$。

（2）堆积密度：颗粒状石子在自然堆积状态下单位体积的质量称为堆积密度，约为 $1400 \sim 1700 \text{kg/m}^3$。

（3）空隙率：石子间空隙大小主要与石子的表观密度和堆积密度有关，松散状态碎石的空隙率约为 37%～45%，松散状态卵石空隙率约为 35%～45%。

2. 有害物质含量

碎石或卵石中的硫化物和硫酸盐以及卵石中的有机杂质等均属有害物质。

3. 坚固性

碎石或卵石在气候、环境变化或其他物理因素作用具有抵抗碎裂的能力，称为坚固性。碎石或卵石的坚固性用硫酸钠溶液法检验，试样经 5 次循环后，有腐蚀性介质并经常处于水位变化区的地下结构或有抗疲劳、耐磨、抗冲击等要求的混凝土用碎石或卵石，其质量损失不应大于 8%。

4. 粒形

天然卵石有河卵石、海卵石和山卵石等。河卵石表面光滑，少棱角，比较洁清；而山卵石含土杂质较多，使用前必须加以冲洗；碎石比卵石干净，而且表面粗糙，颗粒富有棱角，与胶凝石黏结较牢。

岩石颗粒的长度大于该颗粒所属粒级的平均粒径（该粒级上、下限粒径的平均值）2.4 倍者为针状颗粒；厚度小于平均粒径 0.4 倍者为片状颗粒。

5. 最大粒径

公称粒级的上限为该粒级的最大粒径。

石子的最大粒径应在条件许可下，尽量选用大的，可减少骨料表面积，节约水泥。但从施工角度来看，最大粒径过大则搅拌和操作有一定困难。所以，粗骨料最大粒径的选择，应当根据建筑物的种类、尺寸、钢筋间距以及施工机械等来决定。

混凝土用的石子，其最大粒径不得大于结构截面最小尺寸的 1/4，同时不得大于钢筋最小净距的 2/3。对混凝土实心板，石子的最大粒径不宜超过板厚的 1/2，且不得超过 50mm，数量也不得大于 25%。

6. 骨料级配

石子按粒径 5～20mm、20～40mm、40～80mm、8～150mm（120mm）四个粒级依次分为小石、中石、大石、特大石。石子最佳级配（或组合比）一般以紧密堆积密度较大、用水量较小时的级配为宜。当无试验资料时，可按表 1-1 选取。

表 1-1　　　　　　　　　　　　石 子 组 合 比 初 选　　　　　　　　　　　　　　　%

混凝土种类	级配	石子最大粒径 （mm）	卵石 （小：中：大：特大）	碎石 （小：中：大：特大）
常态混凝土	二	40	40：60：0：0	40：60：0：0
	三	80	30：30：40：0	30：30：40：0
	四	150（120）	20：20：30：30	25：25：20：30
碾压混凝土	二	40	50：50：0：0	50：50：0：0
	三	80	30：40：30：0	30：40：30：0

注　表中比例为质量比。

六、混凝土外加剂

混凝土化学外加剂简称外加剂。它是在混凝土拌制时，除了通常使用的水泥、水、砂和石子以外，另外再加入掺量不大于水泥质量的 5%（特殊情况除外），并能对混凝土的正常性能按要求加以改性的产品。

混凝土外加剂按主要功能分为四类：

（1）改善混凝土拌和物浇捣性能的外加剂，包括各种减水剂、引气剂和泵送剂等。

（2）调节混凝土凝结时间、硬化性能的外加剂，包括缓凝剂、早强剂和速凝剂等。

（3）提高混凝土耐久性的外加剂，包括引气剂、防水剂、阻锈剂和防冻剂等。

（4）提供混凝土特殊性能的外加剂。包括膨胀剂、着色剂等。

外加剂的应用范围十分广泛，常用在以下几个方面：

（1）在混凝土大坝等大体积混凝土工程中，用来降低温度应力，使混凝土的开裂程度减少到最低限度。

（2）在水工混凝土中，用来增强混凝土的抗渗性，使其耐久性得以提高。

（3）在冬季寒冷时期浇灌的混凝土工程中，用来降低混凝土的冰点，提高早期强度，使混凝土能硬化并具有一定的抗冻性。

（4）在混凝土构件的蒸汽养护中，缩短蒸养时间，并使混凝土构件的质量得以保证。

（5）在普通混凝土中用来节约水泥、或者改善和易性，或者提高强度。

（6）在钢筋混凝土中，用来防止钢筋的锈蚀，减轻混凝土中顺筋裂缝的危害。

（7）配制高强度的混凝土，配制泵送混凝土等。

第二节　混凝土的主要技术性质

硬化前的混凝土拌和物，应具备与施工条件相适应的和易性，硬化后的混凝土应达到设计要求的强度等级，并具有与使用环境相适应的耐久性。在满足上述性能要求的同时，还应尽量降低成本，做到经济合理。

一、混凝土拌和物的和易性

1. 和易性的概念

和易性是指混凝土拌和物在一定施工条件下，便于操作并能获得质量均匀、成型密实混凝土的能力。和易性是一个综合性能，通常包括三方面的含义：流动性、黏聚性、保水性。

（1）流动性（即稠度）。流动性是指混凝土拌和物在本身自重或施工机械振动作用下，能产生流动，并且均匀密实的填满模板中各个角落的能力。流动性的大小，反映拌和物的稀稠，它将影响施工振捣的难度和浇筑质量。

（2）黏聚性。黏聚性是指混凝土拌和物之间有一定黏聚力，在运输、浇筑过程中，保持均匀整体的能力。如果混凝土拌和物中各材料配合比例不当，则黏聚性差，在施工中易出现分层、离析等现象，致使混凝土硬化后产生蜂窝、麻面、孔洞等缺陷，严重影响混凝土的质量。

（3）保水性。保水性是指混凝土拌和物保持水分、不易产生泌水的能力。保水性差的拌和物在混凝土浇筑过程中，由于较大骨料的重力作用，使水分被挤上升，并聚集到混凝土表面引起表面疏松，形成混凝土浇筑层间的薄弱部位；上升水在混凝土硬化后形成渗水通道；骨料颗粒和钢筋阻止上升的水，积聚在骨料和钢筋的下面，削弱了骨料或钢筋与水泥的黏结力。这些情况都将影响混凝土的强度和耐久性。

混凝土拌和物的流动性、黏聚性、保水性有其各自的内容，它们既互相联系，又互相矛盾，而良好的和易性正是这三个方面性质在某种具体条件下的矛盾统一。

2. 和易性的评定

由于和易性是一项综合性的技术性质，因此，目前还没有一个能够全面反映混凝土拌和物和易性的测试方法和定量指标。通常采用在测定流动性的同时，辅以直观经验评定黏聚性和保水性，来综合说明拌和物的和易性。

混凝土拌和物的流动性，可用"坍落度"或"维勃稠度"指标表示。坍落度适用于塑性和流动性混凝土拌和物，维勃稠度适用于干硬性混凝土拌和物。

（1）坍落度。是一定形状的新拌混凝土拌和物在自重作用下的下沉量。

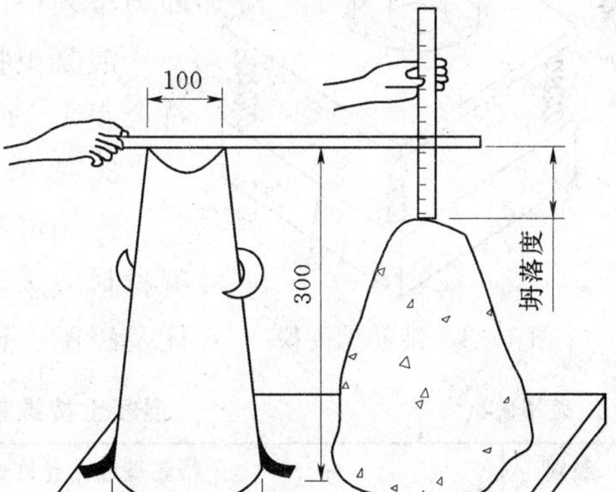

将混凝土拌和物按规定方法装入坍落度筒

图 1-3 坍落度的测定（单位：mm）

内，垂直提起坍落度筒后，拌和物因自重而向下坍落，量出坍落的高度即为坍落度（图 1-3）。

测定坍落度的同时，应观察混凝土拌和物的黏聚性和保水性。最后根据坍落度、黏聚性、保水性来综合评定和易性。

混凝土拌和物按其坍落度大小，可分为四级，见表1-2。

表1-2　　　　　　　　混凝土按坍落度分级及允许偏差　　　　　　　　单位：mm

级别	名　称	坍落度	允许偏差	级别	名　称	坍落度	允许偏差
T_1	低塑性混凝土	10～40	±10	T_3	流动性混凝土	100～150	±30
T_2	塑性混凝土	50～90	±20	T_4	大流动性混凝土	＞160	±30

坍落度值小，说明混凝土拌和物的流动性小，若流动性过小会给施工带来不便，影响工程质量；坍落度过大，又会使混凝土分层离析；所以，混凝土拌和物的坍落度值应在一个适宜范围内。可根据结构种类、钢筋的疏密程度及振捣方法按表1-3合理选用。

表1-3　　　　　　　　混凝土浇筑时（机械振捣）的坍落度　　　　　　　　单位：mm

项　次	结　构　种　类	坍落度
1	基础或地面等的垫层、无配筋的厚大结构（大坝、基础等）或配筋稀疏的结构	10～30
2	板、梁和大型与中型截面的柱子等	35～50
3	配筋密列的结构（薄壁、细柱、筒仓等）	55～70
4	配筋特密的结构	75～90

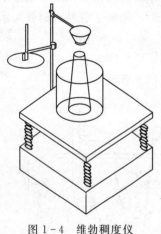

图1-4　维勃稠度仪

（2）维勃稠度。对于干硬性混凝土拌和物，采用维勃稠度仪（图1-4）测定其和易性。

测定维勃值是按规定方法在振动台上的坍落截头圆锥筒内充填混凝土拌和物，然后提去坍落度筒，将混凝土加以振动，振至仪器上透明圆盘底面被水泥浆布满时所需的时间，即为维勃稠度。

混凝土拌和物根据其维勃稠度大小，可分为四级，并应符合表1-4的规定。

3. 影响和易性的因素

影响混凝土拌和物和易性的因素主要有：水泥品种、胶凝材料或水泥数量、胶凝材料或水泥浆的稠度、砂石表面特征及级配、砂率、外加剂的种类与用量、温度和时间等。

表1-4　　　　　　　　混凝土按维勃稠度分级及允许偏差　　　　　　　　单位：s

级别	名　称	维勃稠度	允许偏差	级别	名　称	维勃稠度	允许偏差
V_0	超干硬性混凝土	＞31	±6	V_2	干硬性混凝土	20～11	±4
V_1	特干硬性混凝土	30～21	±6	V_3	半干硬性混凝土	10～5	±3

（1）水泥品种。水泥品种和细度不同时，即使混凝土配合比相同其和易性也不相同。密度较小的水泥，在细度和质量相同时，其颗粒数目较多，需水较多，在混凝土用水量相同时，就必然显得干稠黏聚性好。同理，水泥品种相同且颗粒较细时，其拌和物黏聚性也好。

（2）胶凝材料或水泥数量。在混凝土拌和物中，骨料本身是干涩而无流动性的，拌和物的流动性或可塑性是由胶凝材料或水泥的存在引起的。保持水胶比（水与胶凝材料的质量比，未加掺合料时称水灰比）与砂率（指砂占砂石的比例，包括质量比与体积比）不变，混凝土中胶凝材料或水泥含量愈多，拌和物的流动性（坍落度或维勃稠度）就愈大。由于水胶比或水灰比不变，胶凝材料或水泥用量的增加，意味着水的用量增加。在单位体积内，胶凝材料或水泥增加，骨料就相应减少，胶凝材料或水泥与骨料的比值即浆骨比就体现在单位用水量上。所以，胶凝材料或水泥用量对拌和物的影响，主要是单位用水量引起的。胶凝材料或水泥用量与流动性基本上呈线性关系（图1-5）。

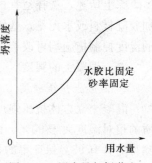

图1-5　用水量与坍落度
关系曲线

（3）胶凝材料或水泥浆的稠度。水胶比或水灰比的大小，决定胶凝材料或水泥浆的稀稠。在水胶比或水灰比较小时，胶凝材料较稠，黏聚性较好。反之，水胶比或水灰比较大时，其黏聚性与保水性却较差。

（4）砂石表面特征及级配。棱角多的骨料，内摩擦阻力、空隙率、比表面积都较大，需要胶凝材料量多。天然河滩砂砾石，粒形较圆，表面较光滑，达到同样流动性，需胶凝材料或水泥量较少。骨料级配越好，空隙率越小，在相同胶凝材料或水泥用量下，混凝土的胶凝材料或水泥量就显得较富裕，新拌混凝土和易性也就较好。在贫水泥混凝土中尤为显著。

（5）砂率。砂率对拌和物影响较大。当骨料总量一定时，砂率过小，则砂量不足，混凝土拌和物易于离析、泌水；在胶凝材料或水泥用量一定的条件下，砂率过大，砂的总表面积增大，包裹砂子的胶凝材料或水泥层太薄，砂粒间的摩擦阻力加大，混凝土拌和物的流动性则会减少。因此，必须通过试验确定最佳砂率。最佳砂率即在胶凝材料或水泥用量和水胶比或水灰比一定的情况下，能使混凝土拌和物获得最大流动性，且能保持黏聚性及保水性良好的砂率值（图1-6）。或者是能使混凝土拌和物获得所要的流动性及良好的黏聚性与保水性，而胶凝材料用量为最少的砂率值（图1-7）。

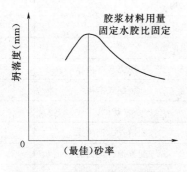

图1-6　砂率与坍落度关系曲线

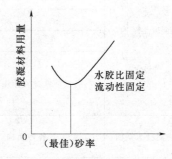

图1-7　砂率与水泥用量的关系曲线

（6）外加剂。在混凝土拌和物中加入少量外加剂（如减水剂、引水剂），在不增加水泥用量的条件下，可使混凝土拌和物具有良好的和易性。

（7）温度和时间。混凝土的拌和时间及拌和后的静停、倒运时间，对和易性影响显著。据测定拌和后 0.5～1h，混凝土坍落度损失可达 40%，甚至 100%。温度增高则可使混凝土干稠，在 40℃ 以下，每升高 5℃，坍落度损失约达 10mm。

综上所述，选择适宜的水泥与掺合料品种；在水胶比或水灰比不变的情况下，适当增加胶凝材料或水泥量；选用级配良好的骨料；采用合理砂率；掺入适量外加剂；采取适当的温度控制措施均可改善混凝土的和易性。

二、混凝土的强度

1. 混凝土抗压强度

混凝土立方体抗压强度标准值系按标准方法制作和养护［温度为（20±3）℃，周围介质的相对湿度大于 90%］的边长为 150mm 的立方体试件，在 28d 龄期，用标准试验方法测得的具有 95% 保证率的抗压强度，用 $f_{cu,k}$ 表示。

混凝土强度等级采用符号 C 与立方体抗压强度标准值（以 MPa 即 N/mm^2 计）表示。例如：28d 龄期的 C40 表示混凝土立方体抗压强度标准值为 40MPa。90d 龄期的 C$_{90}$40 表示混凝土立方体抗压强度标准值为 40MPa。不同混凝土工程，对混凝土强度的要求不同，其强度等级的选择可参考表 1-5。

表 1-5   混凝土与钢筋混凝土结构构件的混凝土最低强度等级

项次	结构种类			混凝土强度等级
1	混凝土结构	现浇式结构		C15
2		装配式结构		C20
3		垫层及填充用混凝土		C15
4	钢筋混凝土结构	现浇式结构	配Ⅰ级钢筋	C15
5			配Ⅱ级钢筋	C20
6		装配式结构	主要承重结构	C20
7			次要承重结构	C15
8	钢筋混凝土结构	承受重复荷载的结构		C20
9		需要进行验算疲劳的结构		C30
10		薄壁结构		C20
11		长期受较高温度作用的结构		C20
12		有防水要求的结构		C20
13		有侵蚀性介质作用的结构	现浇式结构	C20
14			装配式结构	C30
15			基础	C15
16	预应力混凝土结构	各种结构	配钢丝、钢绞线	C40
17			配其他种类钢筋	C30
18	设备基础	构造确定的大块式基础		C15
19		受力确定的	大块式	C15
20			构架式	C20

在实际工程中，混凝土及钢筋混凝土很难达到标准养护条件。为了说明工程中混凝土

实际达到的强度，往往把混凝土试块放在与工程相同的条件下进行养护，通常是放在混凝土工程接近处，按需要龄期进行试验。作为现场混凝土质量控制的依据。

2. 混凝土抗拉强度

混凝土是一种脆性材料，它的抗拉强度比较小，只有抗压强度的 $1/9 \sim 1/18$，在普通钢筋混凝土构件设计中，不考虑混凝土承受拉力。但在预应力钢筋混凝土构件、渡槽、拱坝等要求高的结构中，抗拉强度却是确定结构物抗裂性的主要指标。对预测由于干燥或温度变化而引起的裂缝也是有用的。

混凝土的抗拉强度一般采用劈裂抗拉试验来间接取得。各强度等级的抗拉强度（f_{tk}）值见表 1-6。

表 1-6 混凝土抗拉强度标准值

混凝土强度等级	C15	C20	C25	C30	C35	C40	C45	C50	C55
混凝土抗拉强度 f_{tk}（MPa）	1.2	1.5	1.75	2	2.25	2.45	2.6	2.75	2.85

3. 影响抗压强度的主要因素

混凝土的受力破坏，往往发生在胶凝石本身或胶凝石或水泥石与砂石颗粒的界面处。所以混凝土的强度主要取决于黏结面的黏结力和胶凝石或水泥石的强度。其次，取决于原材料的质量（水泥的品种和强度等级及骨料表面情况等）、配合比关系（水胶比或水灰比、砂率、骨料级配以及胶凝材料或水泥与骨料的比例等）、施工工艺（拌和、运输、浇筑、振捣及养护等）质量、试验条件（试块尺寸与形状、龄期、试验方法、加荷速度、温度与湿度等）。具体叙述如下。

（1）水泥强度等级和水胶比或水灰比。水泥强度等级和水胶比或水灰比是影响混凝土强度最重要的因素。在其他条件相同的情况下，所用水泥强度等级越高，制成的混凝土强度也越高。在胶凝材料或水泥相同的情况下（同强度等级、同水泥品种、同掺合料），水胶比或水灰比愈小，混凝土强度愈高；反之，水胶比或水灰比增大，则多余的游离水在凝胶料硬化后逐渐蒸发，使混凝土中留下许多微细小孔，因而混凝土不密实，强度降低（图 1-8）。

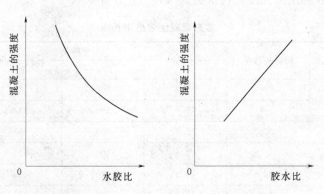

图 1-8 混凝土与水胶比及胶水比的关系

在原材料一定的情况下，混凝土 28d 龄期的抗压强度与水泥强度等级、水胶比或水灰比之间的关系见式（1-1），即

$$w/(c+p)=\frac{Af_{ce}}{f_{cu,o}+ABf_{ce}} \text{ 或 } w/c=\frac{Af_{ce}}{f_{cu,o}+ABf_{ce}} \qquad (1-1)$$

式中　$f_{cu,o}$——混凝土配制强度，MPa；

　　　　f_{ce}——水泥 28d 抗压强度实测值，MPa；

$w/(c+p)$——水胶比；

　　w/c——水灰比；

　　A、B——回归系数，与骨料及水泥品种等因素有关，条件许可应通过试验求出。加掺合料混凝土可参考表 1-7 选用。普通混凝土（未加掺合料混凝土）：骨料为碎石的 $A=0.46$，$B=0.07$；骨料为卵石的 $A=0.48$，$B=0.33$。

表 1-7　　　　　　　　常态混凝土回归系数 A 和 B 参考值（90d 龄期）　　　　　　%

骨料品种	水泥品种	粉煤灰掺量	A	B
碎石	中热硅酸盐水泥	0~10	0.545	0.578
		20	0.533	0.659
		30	0.503	0.793
		40	0.339	0.447
	普通硅酸盐水泥	0~10	0.478	0.512
		20	0.456	0.543
		30	0.326	0.378
		40	0.278	0.214
卵石	中热硅酸盐水泥	0	0.452	0.556
	低热硅酸盐水泥	0	0.486	0.745

水工混凝土多以 90d 龄期限的强度为设计标准，回归系数 A 和 B 的确定是以 90d 龄期的混凝土强度资料为依据。其他设计龄期的混凝土，可参考表 1-8 的混凝土抗压强度增长率换算为 90d 龄期的强度，再根据式（1-1）计算水胶比。

表 1-8　　　　　　　　　　常态混凝土强度增长率　　　　　　　　　　　%

水泥品种	粉煤灰掺量	龄期（d）			
		7	28	90	180
普通硅酸盐水泥	0	80.2	100	118	127
	20	75.0	100	131	145
	30	70.7	100	133	155
中热硅酸盐水泥	0	73.6	100	117	120
	20	67.9	100	129	141
	30	61.6	100	141	156
	40	55.7	100	155	164

（2）骨料的品种、质量和数量。骨料的强度一般都比胶凝石或水泥石的强度高，因此骨料的强度一般对混凝土强度几乎没有影响，如果骨料中含有大量软弱颗粒、针片状颗粒及风化的岩石，则会降低混凝土的强度；骨料的表面特征会影响混凝土强度，表面粗糙，多棱角的碎石与胶凝石或水泥石的黏结力就比表面光滑的卵石要好，所以水泥强度等级、水胶比或水灰比相同情况下，碎石混凝土强度高于卵石混凝土的强度，但胶凝材料或水泥用量增加；在相同水胶比或水灰比情况下，骨料与胶凝材料或水泥用量之间比例增大时，混凝土的强度有所提高，这主要是因为胶凝材料或水泥数量相对减少，混凝土内部孔隙体积也随之减少所致，但混凝土拌和物的和易性较差。

（3）施工工艺。配料的偏差，能使混凝土强度剧烈波动，严重影响混凝土整体质量；搅拌力越强，搅拌时间越长，胶凝材料或水泥包裹骨料表面越均匀，水化越快，混凝土强度则越高。但时间过长，又会使和易性降低。所以拌和时间应随搅拌机容量及混凝土的流动性不同而相应确定；正确的振捣是使混凝土强度及其他性能得以实现的重要因素，加压振捣低流态或干硬性混凝土，强度会明显提高，但对于流动性混凝土，过量振捣会使砂浆上浮，骨料下沉，造成分层，反而使混凝土强度降低；在浇筑后 2h 左右至初凝前进行第二次振捣，可使空隙率进一步降低，强度得到提高。并可显著提高对钢筋的握裹能力，但过时的振捣则破坏混凝土的结构。

（4）养护条件。混凝土的强度是在一定的温度、湿度条件下通过胶凝材料或水泥水化逐步发展的。在 4～40℃ 范围内，温度愈高，胶凝材料或水泥水化速度愈快，则强度愈高。反之，随着温度的降低，胶凝材料或水泥水化速度减慢，当温度低于 0℃ 以下时，胶凝材料或水泥水化基本停止，并且因水结冰膨胀，使混凝土强度降低。所以混凝土浇筑后，必须保持一定时间的温度湿度，以保护混凝土中水分不被蒸发，促使胶凝材料或水泥水化。湿润养护的方法有水中养护、洒水养护、喷雾养护、湿砂或湿草袋覆盖养护等。若湿度不够，导致失水，会使混凝土结构疏松，产生干缩裂缝，影响强度和耐久性。

（5）龄期。在正常养护条件下混凝土的强度，初期（3～7d）发展快，28d 可达设计强度等级，此后增长缓慢，甚至可延续几十年之久。

（6）试验条件。取样、装料、捣实程度、大骨料筛除、承压面的平整对试件成型的质量影响很大；立方体的小尺寸试件比大尺寸试件试验测得的强度大，圆柱体试件比立方体试件测得的强度低；加荷速度极快，可使强度测值偏大 180% 以上，加荷速度无限减慢，测值只有正常加荷速度的 70% 左右。因此，混凝土试验应严格按试验规程操作。

三、混凝土的变形

混凝土变形有外力作用产生的和非外力作用产生的两类。外力作用产生的变形有弹塑性变形和徐变变形等；非外力作用的变形有干缩变形、温度变形等。

1. 弹塑性变形

弹塑性变形是指构件在荷载作用下同时产生弹性变形和塑性变形的现象。

混凝土受荷载作用时，加荷之初，在荷载不大的情况下，原有裂缝基本不发展或发展极慢。此时骨料和胶凝石或水泥石处于共同工作状态。继续加荷，裂缝的平衡状态遭到破坏，裂缝开始延伸、扩大，数量在增加，裂缝从骨料与胶凝石或水泥石的界面上向胶凝石或水泥石内部扩展延伸。骨料与胶凝石或水泥石已完全失去了共同工作的性质，使混凝土构造成为不连续，最后导致混凝土全面崩溃。

混凝土在外力作用下的变形破坏过程，实质上是混凝土内部微裂缝发展的结果。

2. 徐变变形

徐变变形是指构件在恒定的长期荷载作用下形状缓慢变化的现象。

混凝土徐变的形成是由于恒定的长期荷载作用，胶凝石或水泥石中凝胶体的水分被缓慢地压出，凝胶体产生黏性流动，结晶体产生滑移，胶凝石或水泥石中微细空隙逐渐闭合等各种因素影响的综合结果。

混凝土徐变可使建筑物内部的应力发生不断地重分布，减缓应力集中现象，减轻大体积混凝土温度变形的破坏作用。同理，混凝土的徐变降低了混凝土的应力，当钢筋与混凝土共同承受荷载时，增大了钢筋的应力，会使预应力构件的预加应力受到损失。

3. 干缩与湿胀变形

混凝土的干缩变形是指混凝土失水后体积产生收缩的现象。

混凝土的湿胀变形是指混凝土吸收水分后体积产生膨胀的现象。

当混凝土处于干燥条件下时，胶凝石或水泥石中的凝胶体由于水分的蒸发而发生收缩，收缩则易产生裂缝。干燥的混凝土吸水后产生湿胀，恢复一部分干缩变形，一般没有破坏作用。影响干缩的因素有：组成材料的品种、质量、配合比等内部因素和介质温度、湿度约束条件等外部因素。其中，用水量和粗骨料影响最大。混凝土用水量每增加 1%，干缩率可增大 2%~3%，粗骨料用量越多，干缩量则越小。在工程建设中，通常采用的混凝土干缩值为 0.00015，即每米干缩 0.15mm。

4. 温度变形

温度变形是指混凝土在温度升高时体积膨胀，温度降低时体积收缩的现象。混凝土具有热胀冷缩的性质，设计时采用的温度膨胀系数为 $1.0\times10^{-5}/℃$。

大体积混凝土在硬化初期，放出很多热量，混凝土的内部温度可高达 $50\sim70℃$，使混凝土产生明显膨胀。外部混凝土的温度则和气温一致，这样就形成了内外温度差，由于内部膨胀和外部收缩同时进行，便产生了很大的温度应力，这种温度应力将导致混凝土产生裂缝。因此，对于类似混凝土大坝的大体积混凝土工程，要采取降低混凝土发热量、人工降温、对混凝土加强养护等措施来减小混凝土的温度差，防止裂缝的产生和发展。

四、混凝土的耐久性

混凝土的耐久性是指混凝土抵抗周围介质不利因素长期作用的能力。混凝土的耐久性是一种综合性质，水利水电工程上常根据混凝土破坏的性质不同将混凝土的耐久性分为抗渗性、抗冻性、抗冲磨性与抗气蚀性、碳化等。

1. 抗渗性

抗渗性是指混凝土抵抗压力水渗透的能力。抗渗性采用抗渗等级来表示。混凝土抗渗等级是根据 28d 龄期的标准试件，采用标准试验方法，以每组 6 个试件中 4 个未出现渗水时的最大水压值（MPa）表示，分为 P6、P8、P10、P12 等。

混凝土抗渗性的好与坏直接影响混凝土的耐久性。混凝土渗水的主要原因是混凝土中多余水分蒸发留下的孔道所致。另外，施工处理不好，捣固不密实都容易形成渗水孔道和缝隙。若水浸入缝隙，由于冰冻等作用，对钢筋混凝土还能引起钢筋的锈蚀和保护层的开裂、剥落。

建筑物所需抗渗等级，应根据所受水压的水头 $H(m)$ 大小和水力梯度 i（作用水头与抗渗混凝土层厚度的比值）以及下游排水条件确定（表 1-9）。

混凝土中水灰比对抗渗能力起决定作用。抗渗等级与水灰比的关系见表 1-10。提高混凝土抗渗性的根本措施是增强混凝土的密实度。

表 1-9　　　　　　　　　混凝土抗渗等级的选择

项 次	结 构 类 别 及 运 用 条 件		抗渗等级
1	大体积混凝土结构的挡水面防渗层混凝土	$H<70m$	P6
		$H>70m$	P8
2	混凝土及钢筋混凝土结构构件（其背水面能自由渗水者）	$i<30$	P6
		$i>30$	P8

表 1-10　　　　　　　　　抗渗混凝土最大水灰比

抗 渗 等 级	最 大 水 灰 比	
	C20～C30 混凝土	C30 以上混凝土
P6	0.60	0.55
P8～P12	0.55	0.50
P12 以上	0.50	0.45

2. 抗冻性

抗冻性是指混凝土在含水饱和状态下，抵抗冰冻破坏的能力。抗冻性指标可用抗冻等级来表示。抗冻等级是按标准方法将试件进行冻融循环，以同时满足强度损失不超过25％，质量损失不超过 5％时，所能承受的最大冻融循环次数来确定的。抗冻等级分为F50、F100、F150、F200、F300、F400 六级。它们表示混凝土能承受的最多冻融循环次数分别为 50 次、100 次、150 次、200 次、300 次、400 次。

混凝土中毛细管愈多，含水饱和度愈大，冻结膨胀产生的应力愈大。冻融次数愈多，冻结膨胀对混凝土破坏愈大。冻结膨胀破坏是由表及里逐次加深，当膨胀量超过混凝土极限拉应变，混凝土就遭到显著破坏。混凝土的抗冻等级，依建筑物类别和所在地区的气候条件以及工作条件按表 1-11 选用。水胶比的大小对混凝土抗冻性能起重要作用，根据抗冻等级，选择适宜的水胶比值。抗冻等级与水胶比的关系见表 1-12。无掺合料的抗冻混凝土的最大水灰比见表 1-13。提高混凝土抗冻性的有效方法可采用加气混凝土或密实混凝土，但使用时须注意加气后的混凝土强度有所降低。

表 1-11　　　　　　　　　混凝土抗冻等级要求

气候分区	严 寒		寒 冷		温 和
年冻融循环次数	≥100	<100	≥100	<100	—
受冻严重而且难于检修部位	F300	F300	F300	F200	F100
受冻严重但有检修条件部位	F300	F200	F200	F150	F150

续表

气候分区	严　寒		寒　冷		温　和
受冻较重部位	F200	F200	F150	F150	F50
受冻较轻部位	F200	F150	F100	F100	F50
水下、土中、大体积内部混凝土	F50	F50	—	—	—

注　根据最冷月平均气温确定气候分区，分区标准宜取：

1. 严寒：最冷月平均气温 $t \leqslant -10℃$。
2. 寒冷：最冷月平均气温 $-10℃ < t \leqslant -3℃$。
3. 温和：最冷月平均气温 $t > -3℃$。

表 1-12　　　　　　　　　　小型工程抗冻混凝土水胶比要求

等　级	F300	F200	F150	F100	F50
水胶比	<0.45	<0.5	<0.52	<0.55	<0.58

表 1-13　　　　　　　　　　抗冻混凝土的最大水灰比

抗 冻 等 级	无 引 气 剂 时	掺 引 气 剂 时
F50	0.55	0.60
F100	—	0.55
F150 及以上	—	0.50

3. 抗冲磨性与抗气蚀性

抗冲磨性是指混凝土抵抗高速含砂水流冲刷破坏的能力。抗气蚀性是指混凝土抵抗负压引起的表面混凝土剥落的能力。

水流冲刷、冲击和气蚀造成的破坏现象，在大坝溢流面，高压引水道，泄洪洞，溢流道等部位经常产生。冲磨和气蚀机理虽不同，但有一定相关性。如混凝土表面光滑，强度高，则抗冲磨和抗气蚀的能力就都高；水流流速大于 12m/s 时，两种破坏都趋严重。一般来说抗冲磨性好的混凝土，可以认为其抗气蚀性能也好。

改善混凝土抗冲磨、抗气蚀性能的措施，除改进混凝土本身的设计和施工质量外，设计合理的过水曲线至关重要。此外，还可在混凝土表面采用表面镶嵌花岗岩石板、抹环氧砂浆、使用浸渍混凝土等防护措施。

4. 碳化

混凝土的碳化是指当空气中的二氧化碳气体渗透到潮湿混凝土内，与胶凝石或水泥石中的氢氧化钙起化学反应后生成碳酸钙和水，使混凝土碱度降低的过程。

由于碳化使混凝土的碱度降低，当碳化深度超过混凝土保护层时，在有水和空气存在的条件下，就会使混凝土失去对钢筋的保护作用，钢筋开始生锈，因钢筋锈蚀就会引起体积膨胀使混凝土遭受破坏。碳化作用还会引起混凝土收缩，使混凝土表面碳化层产生拉应力，由此可能引起微细裂缝，会使混凝土的抗拉、抗折强度降低。但碳化作用可使混凝土抗压强度增大，碳化作用产生的碳酸钙填充了胶凝石或水泥石的孔隙，碳化放出的水分又使胶凝材料或水泥水化，提高了碳化层的密实度及抗压强度。所以可利用碳化作用来提高混凝土预制构件的表面硬度。

处于水中的混凝土，由于水阻止了二氧化碳与混凝土接触，所以混凝土不能被碳化，混凝土处于特别干燥条件下，由于缺乏使二氧化碳与氢氧化钙反应所需的水分，故碳化也不能进行。

第三节　混凝土的配合比设计

水工混凝土配合比设计是确定混凝土中各项组成材料之间比例关系的过程。

一、配合比设计的要求和资料

1. 设计要求

（1）在水胶比或水灰比不变，适应该工程施工条件的良好和易性条件下，力求单位用水量最少，胶凝材料或水泥用量也最少。

（2）根据结构断面和钢筋净距及施工设备等情况，选择较大的石子最大粒径和最多的石子用量，以减少胶凝材料或水泥用量。

（3）选择空隙率和表面积较小、料场弃料较少的粗骨料级配以及相适应的满足和易性要求并节约胶凝材料或水泥的最佳砂率。

（4）经济合理地选择水泥品种和强度等级，优先考虑采用优质经济的掺合料和外加剂，合理地使用材料和降低成本的经济性。

（5）满足具有适应结构设计或施工进度所要求的强度与适应使用环境的耐久性。

2. 设计所需资料

（1）原材料：各项原材料的检验指标如水泥品种、强度等级和表观密度；掺合料的种类及其主要特性；砂和细度模数；石子的品种、最大粒径、级配；砂、石的含水量、表观密度、堆积密度；外加剂的种类及其主要特性等。

（2）气候条件：施工时的气温，大气湿度和风速等。

（3）和易性：混凝土和易性要求参照表1-2、表1-3、表1-4的选定。

（4）强度：混凝土强度等级要求参照表1-5选定。

（5）耐久性：混凝土的耐久性要求参照表1-9、表1-11选定。

配合比设计时，首先根据工程要求，依照有关标准给定的公式和表格进行计算，这样得出的配合比称为"计算配合比"；通过试验室对强度和耐久性检验后调整的配合比称为"试验室配合比"；在试验室中，骨料采用干燥或饱和面干的标准状态，而在工地上，所用骨料大多在露天堆放，含有一定数量的水分并且经常变化，因此要根据现场实际情况（如骨料的含水量）将试验室配合比换算成"施工配合比"。

二、计算配合比

1. 确定混凝土配制强度

混凝土的配制强度可采用公式计算或查表求得。

（1）混凝土配制强度，按式（1-2）计算。

$$f_{cu,o} = f_{cu,k} + 1.645\sigma \qquad (1-2)$$

式中　$f_{cu,o}$——混凝土配制强度，MPa；

$f_{cu,k}$——混凝土设计龄期立方体抗压强度标准值，MPa；

σ——混凝土抗压强度标准差，MPa。

混凝土抗压强度标准差 σ 可按表 1-14 选定。

表 1-14   混凝土抗压强度标准差 σ 选用值   单位：MPa

设计龄期混凝土抗压强度标准值 $f_{cu,k}$	≤15	20~25	30~35	40~45	50
混凝土抗压强度标准差 σ	3.5	4.0	4.5	5.0	5.5

【例 1-1】 平湖大坝坝高 28m，试选择水位变化区混凝土的配制强度。

解： 查表 1-5 的第 12、第 13 项次，选择混凝土的强度等级为 C20。

由表 1-14 中的设计龄期混凝土抗压强度标准值为 20~25MPa，选择 $\sigma=4.0$MPa。

按式（1-2）计算混凝土的配制强度

$$f_{cu,o} = f_{cu,k} + 1.645\sigma = 20 + 1.645 \times 4 = 26.58 \text{（MPa）}$$

（2）查表求配制强度：混凝土施工配制强度见表 1-15。

表 1-15   混凝土施工配制强度   单位：MPa

强度等级	强度标准差 σ					
	2.0	2.5	3.0	4.0	5.0	6.0
C15	18.3	19.1	19.9	21.6	23.2	24.9
C20	24.1	24.1	24.9	26.6	28.2	29.9
C25	29.1	29.1	29.9	31.6	33.2	34.9
C30	34.9	34.9	34.9	36.6	38.2	39.9
C35	39.9	39.9	39.9	41.6	43.2	44.9
C40	44.9	44.9	44.9	46.6	48.2	49.9
C45	49.9	49.9	49.9	51.6	53.2	54.9
C50	54.9	54.9	54.9	56.6	58.2	59.9
C55	59.9	59.9	59.9	61.6	63.2	64.9
C60	64.9	64.9	64.9	66.6	68.2	69.9

【例 1-2】 条件与［例 1-1］相同，查表求配制强度。

解： 查表 1-15 中的 C20 及 $\sigma=4.0$MPa，得出配制强度 $f_{cu,o}=26.6$MPa。

2. 确定混凝土配合比的三参数

混凝土配合比中的三参数分别是指水与胶凝材料的比例（水与水泥的比例）、砂子与石子的比例、胶凝材料与骨料的比例关系，常用水胶比 $w/(c+p)$ 或水灰比 w/c、砂率 $s_m = m_{so}/(m_{so}+m_{go})$、浆骨比（单位用水量）来表示。正确选定三参数是合理设计满足施工和易性、结构强度和耐久性以及符合经济要求混凝土配合比的关键。

水工混凝土粉煤灰的最大掺量应符合表 1-16 中的规定，其他混凝土可参照执行。

表 1-16　　　　　　　　　　　　　　粉 煤 灰 最 大 掺 量　　　　　　　　　　　　　　　%

混 凝 土 种 类		硅酸盐水泥	普通硅酸盐水泥	矿渣硅酸盐水泥
重力坝碾压混凝土	内部	70	65	40
	外部	65	60	30
重力坝常态混凝土	内部	55	50	30
	外部	45	40	20
拱坝碾压混凝土		65	60	30
拱坝常态混凝土		40	35	20
结构混凝土		35	30	—
面板混凝土		35	30	—
抗腐蚀混凝土		25	20	—
预应力混凝土		20	15	—

（1）水胶比或水灰比的确定。

1）根据配制强度确定水胶比或水灰比，即采用式（1-1）。即

$$w/(c+p) = \frac{Af_{ce}}{f_{cu,o}+ABf_{ce}} \text{ 或 } w/c = \frac{Af_{ce}}{f_{cu,o}+ABf_{ce}}$$

【例 1-3】　其混凝土采用卵石，条件与［例 1-1］相同。按掺或不掺粉煤灰两种情况选择该混凝土强度要求的水胶比或水灰比。

解：根据重力坝常态混凝土外部区所用水泥强度等级不宜低于 42.5 的要求，平湖大坝水位变化区选择 42.5 普通硅酸盐水泥。

a）计算水胶比。抗腐蚀混凝土查表 1-16 选用粉煤灰掺量为 20％。按表 1-7 选定回归系数 $A=0.456$，$B=0.543$，按表 1-8 选定强度增长率 131％。混凝土 28d 龄期强度要求的水胶比为

$$w/(c+p) = \frac{Af_{ce}}{f_{cu,o}+ABf_{ce}}$$
$$= 0.456 \times 42.5/(26.58 \times 1.31 + 0.456 \times 0.543 \times 42.5) = 0.43$$

b）计算水灰比。混凝土采用卵石，骨料为卵石的 $A=0.48$，$B=0.33$。混凝土 28d 龄期强度要求的水灰比为

$$w/c = \frac{Af_{ce}}{f_{cu,o}+ABf_{ce}}$$
$$= 0.48 \times 42.5/(26.58 + 0.48 \times 0.33 \times 42.5) = 0.61$$

2）根据耐久性要求确定水胶比或水灰比。参照表 1-9 确定混凝土抗渗等级，参照表 1-11 确定混凝土抗冻等级。根据混凝土抗渗等级、混凝土抗冻等级、混凝土使用部位，按表 1-10、表 1-12、表 1-13、表 1-17 选择相应的水胶比或水灰比。

水胶比或水灰比选择时要遵循单项选大值，综合选小值的原则。如抗渗要求的水灰比有一个最大值，选其最大值既满足抗渗要求又可节约水泥达到经济目的。在强度、抗渗、抗冻与环境要求比较中选其小值，可以满足四个方面的水胶比要求。

表 1-17   水胶比或水灰比最大允许值

部　　位	严寒地区	寒冷地区	温和地区
上、下游水位以上（坝体外部）	0.50	0.55	0.60
上、下游水位变化区（坝体外部）	0.45	0.50	0.55
上、下游最低水位以下（坝体外部）	0.50	0.55	0.60
基础	0.50	0.55	0.60
内部	0.60	0.65	0.65
受水流冲刷部位	0.45	0.50	0.50

注　在有环境水侵蚀情况下，水位变化区外部及水下混凝土最大允许水胶比或水灰比应减小 0.05。

【例 1-4】　平湖大坝位于寒冷地区，年冻融循环总次数小于 100，混凝土受冻严重而且难于检修，存在环境水侵蚀情况，混凝土掺入引气剂，其他条件与［例 1-3］相同，试选择平湖大坝水位变化区混凝土的水胶比或水灰比。

解：

a）选择水胶比：

由［例 1-3］知强度要求的水胶比为 0.43；

由表 1-11 确定混凝土抗冻等级为 F200，由表 1-12 得水胶比小于 0.50，选 0.50；

由表 1-17 选水胶比为 0.50，有环境水侵蚀情况下，水胶比减小 0.05，选 0.45；

由综合选小值的原则，确定混凝土的水胶比为 0.43。

b）选择水灰比：

由［例 1-3］知强度要求的水灰比为 0.61；

由表 1-9 确定其抗渗等级为 P6，由表 1-10 得最大水灰比为 0.60，选 0.60；

由表 1-13 得水灰比为 0.50，选 0.50；

由表 1-17 选水灰比为 0.50，有环境水侵蚀情况下，水灰比减小 0.05，选 0.45；

由综合选小值的原则，确定混凝土的水灰比为 0.45。

（2）砂率的确定。砂率确定的基本原则是用砂率填充石子的空隙并稍有剩余。砂率可按骨料品种、骨料最大粒径及水胶比或水灰比参照表 1-18、表 1-19 选用。坍落度大于 60mm 或小于 10mm 的混凝土及掺用外加剂的混凝土，其砂率应经试验确定。当采用细砂或粗砂，可相应地减小或增大砂率。只用一个单粒级粗骨料配制混凝土时，砂率应适当增大。对薄壁构件砂率取偏大值。坍落度等于或大于 100mm 的混凝土砂率，应在表 1-18、表 1-19 的基础上，按坍落度每增大 20mm，砂率增大 1% 的幅度予以调整。

表 1-18   常态混凝土砂率初选

水　胶　比	卵 石 最 大 粒 径 (mm)			
	20	40	80	150
0.40	36～38	30～32	24～26	20～22
0.50	38～40	32～34	26～28	22～24
0.60	40～42	34～36	28～30	24～26
0.70	42～44	36～38	30～32	26～28

表1-19	混凝土的砂率初选					%
水 灰 比	卵石最大粒径 (mm)			碎石最大粒径 (mm)		
	10	20	40	16	20	40
0.40	26～32	25～31	24～30	30～35	29～34	27～32
0.50	30～35	29～34	28～33	33～38	32～37	30～35
0.60	33～38	32～37	31～36	36～41	35～40	33～38
0.70	36～41	35～40	34～39	39～44	38～43	36～41

【例1-5】 平湖大坝水位变化区的混凝土，钢筋最小净距为150mm，其他条件与［例1-4］相同，试选择平湖大坝水位变化区混凝土水胶比或水灰比对应的砂率。

解： 由平湖大坝水位变化区和钢筋净距，按选用石子最大粒径的原则，确定石子最大粒径为40mm。

a）选择水胶比对应的砂率。由［例1-4］选定的水胶比0.43和卵石最大粒径为40mm，查表1-18按比例法计算砂率为31.6%，取砂率为32%。

b）选择水灰比对应的砂率。由［例1-4］选定的水灰比0.45和卵石最大粒径为40mm，查表1-19按比例法计算砂率为28.75%，取砂率为29%。

（3）单位用水量的确定。单位用水量确定的原则是力求用水量最少，它一般根据本单位或本地区的经验数据选用。当水胶比或水灰比在0.4～0.8范围时，根据粗骨料的品种、粒径及施工要求的混凝土拌和物稠度，其用水量可按表1-20或表1-21选取。水胶比或水灰比小于0.4或大于0.8的混凝土以及采用特殊成型工艺的混凝土用水量应通过试验确

表1-20	每立方米混凝土常态混凝土初选用水量（加掺合料）						单位：kg	
混凝土坍落度 (mm)	卵石最大粒径 (mm)				碎石最大粒径 (mm)			
	20	40	80	150	20	40	80	150
10～30	160	140	120	105	175	155	135	120
30～50	165	145	125	110	180	160	140	125
50～70	170	150	130	115	185	165	145	130
70～90	175	155	135	120	190	170	150	135

表1-21	每立方米混凝土塑性混凝土初选用水量（未加掺合料）						单位：kg	
混凝土坍落度 (mm)	卵石最大粒径 (mm)				碎石最大粒径 (mm)			
	10	20	31.5	40	16	20	31.5	40
10～30	190	170	160	150	200	185	175	165
35～50	200	180	170	160	210	195	185	175
55～70	210	190	180	170	220	205	195	185
75～90	215	195	185	175	230	215	205	195

定。采用细砂时，用水量可增加 5～10kg，采用粗砂时则可减少 5～10kg；掺用外加剂时可相应调整用水量。

【例 1-6】 按［例 1-1］至［例 1-5］给定的条件，选定平湖大坝水位变化区混凝土的单位用水量。

解： 由表 1-2 查出掺粉煤灰混凝土所用坍落度为 50～90mm，由表 1-3 第 3 项次查出未掺粉煤灰混凝土所用坍落度为 55～70mm。

由选用的坍落度和卵石最大粒径为 40mm，查表 1-20 掺粉煤灰混凝土的用水量为 155kg。由于使用了外加剂，用水量可减少 5kg，实际单位用水量为 150kg。

由选用的坍落度和卵石最大粒径为 40mm，查表 1-21 得未掺粉煤灰混凝土的用水量为 170kg。由于使用了外加剂，用水量可减少 15kg，实际单位用水量为 155kg。

3. 胶凝材料用量、掺合料用量、水泥用量计算

（1）加掺合料的混凝土胶凝材料用量（$m_c + m_p$）、水泥用量（m_c）和掺合料用量（m_p）按式（1-3）、式（1-4）、式（1-5）计算，即

$$m_c + m_p = \frac{m_w}{w/(c+p)} \tag{1-3}$$

$$m_c = (1 - p_m)(m_c + m_p) \tag{1-4}$$

$$m_p = p_m(m_c + m_p) \tag{1-5}$$

式中　m_c——每立方米混凝土水泥用量，kg；

　　　m_p——每立方米混凝土掺合料用量，kg；

　　　m_w——每立方米混凝土用水量，kg；

　　　p_m——掺合料的掺量（参照表 1-16 选用），%；

$w/(c+p)$——水胶比。

（2）未加掺合料的混凝土水泥用量（m_c）按式（1-6）计算，即

$$m_c = \frac{m_w}{w/c} \tag{1-6}$$

式中　m_c——每立方米混凝土水泥用量，kg；

　　　m_w——每立方米混凝土用水量，kg；

　　　w/c——水灰比，其中 w 为单位用水量，c 为水泥用量。

【例 1-7】 按［例 1-1］至［例 1-6］给定的条件，计算平湖大坝水位变化区每立方米混凝土的胶凝材料用量（水泥用量与掺合料的用量），水泥用量。

解：

①掺粉煤灰的混凝土：

胶凝材料用量：　　$m_c + m_p = \dfrac{m_w}{w/(c+p)} = 150/0.43 = 349$（kg）

水泥用量：　　$m_c = (1 - p_m)(m_c + m_p) = (1 - 20\%) \times 349 = 279$（kg）

掺合料用量：　　$m_p = p_m(m_c + m_p) = 20\% \times 349 = 70$（kg）

②未掺粉煤灰的混凝土：

水泥用量：
$$m_c = \frac{m_w}{w/c} = 155/0.45 = 345 \text{（kg）}$$

对照表 1-22，以上计算的水泥用量符合结构混凝土耐久性的基本要求。

表 1-22 结构混凝土耐久性的基本要求

最大水胶比	每立方米混凝土最小水泥用量（kg）	最低混凝土强度等级	最大水胶比	每立方米混凝土最小水泥用量（kg）	最低混凝土强度等级
0.65	225	C20	0.55	275	C30
0.60	250	C25	0.50	300	C30

4. 砂、石用量计算

砂、石用量的计算方法有很多，常用的有"体积法"和"质量法"。

（1）用体积法计算砂、石用量。每立方米混凝土中砂、石的绝对体积为

$$V_{s,g} = 1 - \left(\frac{m_w}{\rho_w} + \frac{m_c}{\rho_c} + \frac{m_p}{\rho_p} + \alpha \right) \qquad (1-7)$$

砂子用量：

$$m_s = V_{s,g} S_v \rho_s \qquad (1-8)$$

石子用量：

$$m_g = V_{s,g} (1 - S_v) \rho_g \qquad (1-9)$$

式中　$V_{s,g}$——每立方米混凝土中砂、石的绝对体积，m^3；

m_w——每立方米混凝土用水量，kg；

m_c——每立方米混凝土水泥用量，kg；

m_p——每立方米混凝土掺合料用量，kg；

m_s——每立方米混凝土砂子用量，kg；

m_g——每立方米混凝土石子用量，kg；

S_v——砂率；

ρ_w——水的密度，kg/m^3；

ρ_c——水泥密度，kg/m^3；

ρ_p——掺合料密度，kg/m^3；

ρ_s——砂子饱和面干表观密度，kg/m^3；

ρ_g——石子饱和面干表观密度，kg/m^3；

α——混凝土的含气量百分数，在不使用引气型外加剂时，α 可取为 1%。长期处于潮湿和严寒环境中的混凝土，应掺用引气剂，混凝土的最小含气量应符合表 1-23 的规定。

各级石子用量可按表 1-1 选定的组合比例计算。

表 1-23　　　　　　　　　掺引气剂型外加剂混凝土的含气量

骨料最大粒径（mm）		20	40	80	150（120）
含气量（%）	≥F200 混凝土	5.5	5.0	4.5	4.0
	≤F150 混凝土	4.5	4.0	3.5	3.0

【例 1-8】　按〔例 1-1〕至〔例 1-7〕给定的条件或计算结果，用体积法计算平湖大坝水位变化区掺粉煤灰每立方米混凝土的砂、石用量。其中，ρ_c 取 3000kg/m³，ρ_w 取 1000kg/m³，ρ_p 取 2000kg/m³，ρ_s 及 ρ_g 均取 2650kg/m³。

解：按式（1-7）～式（1-9）计算。α 查表 1-23 取 5.0%，S_v 采用〔例 1-5〕结果为 32%。

每立方米混凝土中砂、石的绝对体积为

$$V_{s,g} = 1 - \left(\frac{m_w}{\rho_w} + \frac{m_c}{\rho_c} + \frac{m_p}{\rho_p} + \alpha \right) = 1 - \left(\frac{150}{1000} + \frac{279}{3000} + \frac{70}{2000} + 0.05 \right) = 0.717(\text{m}^3)$$

砂子用量：

$$m_s = V_{s,g} S_v \rho_s = 0.717 \times 0.32 \times 2650 = 608 \text{（kg）}$$

石子用量：

$$m_g = V_{s,g}(1 - S_V)\rho_g = 0.717 \times (1 - 0.32) \times 2650 = 1292(\text{kg})$$

其中：小石 = 1292 × 40% = 516（kg），中石 = 1292 × 60% = 775（kg）

（2）用质量法计算砂、石用量。混凝土拌和物的质量可参考表 1-24 选用。

表 1-24　　　　　　　　每立方米混凝土拌和物质量假定值

混凝土种类	石子最大粒径（mm）				
	20	40	80	120	150
普通混凝土（kg）	2380	2400	2430	2450	2460
引气混凝土（kg）	2280	2320	2350	2380	2390
含气量（%）	5.5	4.5	3.5	3.0	3.0

每立方米混凝土中砂石总质量：

$$m_{s,g} = m_{c,e} - (m_w + m_c + m_p) \tag{1-10}$$

砂子用量：

$$m_s = m_{s,g} S_v \tag{1-11}$$

石子用量：

$$m_g = m_{s,g} - m_s \tag{1-12}$$

式中　$m_{s,g}$——每立方米混凝土中砂、石的总质量，kg；

$\quad\quad m_{c,e}$——每立方米混凝土拌和物质量假定值，kg；

其他符号意义同前。

各级石子用量按选定的组合比例计算。

【例 1-9】　按〔例 1-1〕至〔例 1-7〕给定的条件或计算结果，用质量法计算平湖大坝水位变化区未掺粉煤灰每立方米混凝土的砂、石用量。其中，ρ_c 取 3000kg/m³，ρ_w 取 1000kg/m³，ρ_s 及 ρ_g 均取 2650kg/m³。

解：按式（1-10）～式（1-12）计算。查表1-24，$m_{c,e}$取2400kg。S_v采用［例1-5］结果为29%。采用［例1-6］与［例1-7］结果，m_w为155kg，m_c为345kg（未掺粉煤灰，m_p为0）。

每立方米混凝土中砂石总质量：

$$m_{s,g}=m_{c,e}-(m_w+m_c+m_p)=2400-(155+345+0)=1900 \text{（kg）}$$

砂子用量：

$$m_s=m_{s,g}S_v=1900 \times 0.29=551 \text{（kg）}$$

石子用量：

$$m_g=m_{s,g}-m_s=1900-551=1349 \text{（kg）}$$

5. 确定计算配合比

经过上述计算，可得出每立方米混凝土中材料的计算用量，并可求出以水泥用量为1的各材料比值，即为混凝土计算配合比。

$$m_c:m_p:m_w:m_s:m_g=1:\frac{m_p}{m_c}:\frac{m_w}{m_c}:\frac{m_s}{m_c}:\frac{m_g}{m_c} \qquad (1-13)$$

【例1-10】按［例1-1］至［例1-9］给定的计算结果，分别按［例1-8］和［例1-9］的计算方式，确定平湖大坝水位变化区混凝土的计算配合比。

解：

（1）体积法（［例1-8］计算方式），按式（1-13）确定混凝土计算配合比

$$m_c:m_p:m_w:m_s:m_g=1:\frac{m_p}{m_c}:\frac{m_w}{m_c}:\frac{m_s}{m_c}:\frac{m_g}{m_c}$$
$$=1:70/279:150/279:608/279:1391/279$$
$$=1:0.25:0.54:2.18:4.63$$

其中：每立方米混凝土中胶凝材料用量 $m_c+m_p=70+279=349$（kg）。

水胶比 $w/(c+p)=150/(279+70)=0.43$

（2）质量法（［例1-9］计算方式），按式（1-13）确定混凝土计算配合比（$m_p=0$）

$$m_c:m_w:m_s:m_g=1:\frac{m_w}{m_c}:\frac{m_s}{m_c}:\frac{m_g}{m_c}$$
$$=1:155/345:551/345:1349/345$$
$$=1:0.45:1.6:3.9$$

其中：水灰比 $w/c=155/345=0.45$。

三、确定试验室配合比

1. 和易性检验与调整

首先通过测定坍落度，检验流动性是否符合要求，同时观测黏聚性和保水性。如不符合要求，则需进行调整。坍落度比要求大时，可保持砂率不变，增加骨料用量，保持水胶比或水灰比不变，减少水泥用量。坍落度比要求小时，可保持水胶比

表1-25　混凝土试配的最小拌和量

骨料最大粒径 （mm）	拌和物数量 （L）
20	15
40	25
≥80	40

或水灰比不变，增加胶凝材料或水泥用量。对于普通混凝土每增减 10mm 坍落度，约需增加或减少 2%～5% 的胶凝材料或水泥用量。如果黏聚性和保水性不良时，可适当调整砂率。每次调整后试配，重复试验观察，直到符合要求为止。混凝土试配时，每盘混凝土的最小搅拌量应符合表 1－25 的规定。当采用机械搅拌时，搅拌量不应小于搅拌机额定搅拌量的 1/4。

【例 1－11】 按［例 1－10］质量法确定的混凝土计算配合比计算结果，进行平湖大坝水位变化区混凝土的和易性检验与调整。

解：

①检验时的材料用量。

按表 1－25 规定，取 25L 材料，各材料用量为

水泥：　　　　　　　　$m_c = 345 \times 25/1000 = 8.625$（kg）

水：　　　　　　　　　$m_w = 155 \times 25/1000 = 3.875$（kg）

砂：　　　　　　　　　$m_s = 551 \times 25/1000 = 13.775$（kg）

石：　　　　　　　　　$m_g = 1349 \times 25/1000 = 33.725$（kg）

此时拌和物的质量为 60kg。

②调整。经检验该混凝土拌和物的坍落度值为 40mm，不满足坍落度为 55～70mm 的要求，故需调整。增加 5% 水泥浆，骨料用量不变，坍落度为 60mm，黏聚性与保水性良好，满足要求。调整后的各材料用量为

水泥：　　　　　　　　$m_c = 8.625 \times (1+0.05) = 9.056$（kg）

水：　　　　　　　　　$m_w = 3.875 \times (1+0.05) = 4.069$（kg）

砂：　　　　　　　　　$m_s = 13.775$（kg）（不变）

石：　　　　　　　　　$m_g = 33.725$（kg）（不变）

此时拌和物的质量为 60.625kg。

拌和物的体积为

$$25 + (9.056 - 8.625)/3 + (4.069 - 3.875)/1 = 25.338 \text{ (L)}$$

每立方米混凝土拌和物质量计算值为

$$(60.625/25.338) \times 1000 = 2393 \text{ (kg)}$$

调整后每立方米混凝土的各材料用量为

水泥：　　　　　　　　$m_c = (9.056/60.625) \times 2393 = 357$（kg）

水：　　　　　　　　　$m_w = (4.069/60.625) \times 2393 = 161$（kg）

砂：　　　　　　　　　$m_s = (13.775/60.625) \times 2393 = 544$（kg）

石：　　　　　　　　　$m_g = (33.725/60.625) \times 2393 = 1331$（kg）

2. 强度和耐久性检验

检验混凝土强度、耐久性时至少应采用三个不同的配合比，除和易性符合要求的基准配合比外，另外两个配合比的水胶比或水灰比，较基准配合比分别增加或减少 0.05。为了保持坍落度要求，可固定用水量按不同水胶比或水灰比计算胶凝材料或水泥用量，砂率可分别增加或减少 1%。保持符合和易性要求的混凝土表观密度不变，按质量法公式计算砂、石用量。用符合和易性要求的混凝土拌和物按检验性能至少分别制作一组（三块）试

件，标准养护28d进行性能检验选出强度、耐久性均能满足要求的胶水比或灰水比，其倒数即为确定的水胶比或水灰比。最后，计算满足强度、耐久性要求的配合比。

根据不同胶水比或灰水比所对应的强度，按作图法选出设计胶水比或灰水比对应的一个试验强度，该强度应等于或稍大于混凝土的配制强度。

【例1-12】 按［例1-1］至［例1-11］的条件或计算结果，进行平湖大坝水位变化区未掺粉煤灰混凝土的强度检验与配合比调整。

解： 水灰比分别取0.40、0.45、0.50。砂率分别取0.28、0.29、0.30。固定用水量，按质量法计算砂石用量，计算后的各材料用量及28d抗压强度测定值见表1-26。

表1-26

计 算 表

水灰比	用水量（kg）	水泥用量（kg）	砂率（%）	砂子用量（kg）		石子用量（kg）		抗压强度（MPa）	灰水比
				调整前	调整后	调整前	调整后		
0.40	161	403	0.28	544	512	1331	1317	31.96	2.50
0.45	161	357	0.29	544	544	1331	1331	27.81	2.22
0.50	161	322	0.30	544	573	1331	1337	24.52	2.00

用表1-26的数据绘制抗压强度与灰水比关系，由图1-9查出对应灰水比值为2.22，即水灰比为0.45的混凝土抗压强度 $f_{cu}=27.8$ MPa。该混凝土配合比满足了混凝土配制强度26.58MPa的要求，也满足了耐久性要求。

满足设计要求的每立方米混凝土各材料用量，即对应水灰比为0.45的材料用量

水泥： $m_c=357$ kg

水： $m_w=161$ kg

砂： $m_s=544$ kg

石： $m_g=1331$ kg

3. 确定试验室配合比

测出混凝土拌和物的实测质量 $m_{c,t}$，计算出 $1m^3$ 混凝土拌和物中各项材料用量之和 $m_{c,c}$，将 $m_{c,c}$ 除以 $m_{c,c}$ 得出混凝土配合比校正系数 δ。

按确定的材料用量按式（1-14）计算每立方米混凝土拌和物的质量

$$m_{c,c}=m_w+m_c+m_p+m_s+m_g \tag{1-14}$$

按式（1-15）计算混凝土配合比校正系数 δ

$$\delta=\frac{m_{c,t}}{m_{c,c}} \tag{1-15}$$

式中 δ——配合比校正系数；

$m_{c,c}$——每立方米混凝土拌和物质量计算值，kg；

$m_{c,t}$——每立方米混凝土拌和物质量实测值，kg；

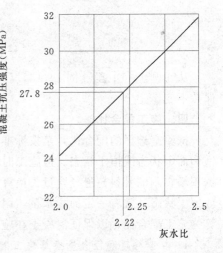

图1-9 实测强度与灰水比关系

其他符号意义同前。

按配合比校正系数 δ 对配合比中各项材料用量进行调整，即为调整的试验室配合比。

【例 1-13】 按［例 1-12］的计算结果和每立方米混凝土拌和物质量实测值 $m_{c,t}=$ 2420kg，计算调整的试验室配合比。

解：

（1）每立方米混凝土拌和物质量计算值（未加掺合料，$m_p=0$）

$$m_{c,c}=m_w+m_c+m_p+m_s+m_g=161+357+0+544+1331=2393（kg）$$

（2）计算配合比校正系数

$$\delta=\frac{m_{c,t}}{m_{c,c}}=2420/2393=1.011$$

（3）试验室调整的配合比

水泥：　　　　　　　　$m_c=357\times1.011=361（kg）$

水：　　　　　　　　　$m_w=161\times1.011=163（kg）$

砂：　　　　　　　　　$m_s=544\times1.011=550（kg）$

石：　　　　　　　　　$m_g=1331\times1.011=1346（kg）$

$$m_c:m_w:m_s:m_g=1:\frac{m_w}{m_c}:\frac{m_s}{m_c}:\frac{m_g}{m_c}$$

$$=1:163/361:550/361:1346/361$$

$$=1:0.45:1.52:3.73$$

从［例 1-1］至［例 1-13］计算结果可以看出，混凝土配合比中的水胶比或水灰比保持不变。

四、施工配合比

试验室选择的配合比，是按标准状态考虑的，即各级骨料不含有超逊径颗粒，且处于饱和面干状态或恒干状态。但施工时，各级骨料中常含有一定量的超逊径颗粒，因此要根据现场实测的骨料超逊径含量，换算为施工配合比。施工现场骨料一般为非饱和面干状态或恒干状态，常有一定的含水量，因此要根据现场实测的骨料含水率，将试验室配合比换算为施工配合比，以保证混凝土在施工中达到规定的要求。

1. 由骨料超逊径含量换算施工配合比

根据骨料超逊径含量，对各级骨料用量进行换算时，是将该级骨料中超径者计入上一级骨料中，逊径者则计入下一级骨料中，超逊径的调整方法为

骨料调整量＝本级骨料超、逊径量之和－（下一级超径量＋上一级逊径量）（1-16）

骨料超逊径含量调整计算表格见［例 1-14］。

【例 1-14】 平湖大坝坝体内部试验室混凝土配合比为 $m_c:m_p:m_w:m_s:m_g=$ $1:0.25:0.6:2.0:4.2$，掺粉煤灰，每立方米混凝土水泥用量为 300kg，采用的卵石最大粒径为 120mm，骨料为四级配，小石、中石、大石、特大石的超径含量分别为 2%、6%、2%、0，逊径含量分别为 0、4%、4%、3%，根据骨料超逊径含量换算施工配合比。

解： 试验室配合比中每立方米混凝土各材料用量：

水泥：　　　　　　　　$m_c = 300 \times 1.00 = 300$（kg）

粉煤灰：　　　　　　　$m_p = 300 \times 0.25 = 75$（kg）

水：　　　　　　　　　$m_w = 300 \times 0.60 = 180$（kg）

砂：　　　　　　　　　$m_s = 300 \times 2.00 = 600$（kg）

石：　　　　　　　　　$m_g = 300 \times 4.20 = 1260$（kg）

查表 1-1，由卵石最大粒径为 120mm，选定石子组合质量比为

小石：中石：大石：特大石＝20%：20%：30%：30%，则

小石：　　　　　　　　$1260 \times 20\% = 252$（kg）

中石：　　　　　　　　$1260 \times 20\% = 252$（kg）

大石：　　　　　　　　$1260 \times 30\% = 378$（kg）

特大石：　　　　　　　$1260 \times 30\% = 378$（kg）

采用式（1-16）进行粗骨料超逊径含量调整计算，见表 1-27。

施工配合比

水泥：　　　　　　　　$m_{c0} = m_c = 300 \text{kg}$

粉煤灰：　　　　　　　$m_{p0} = m_p = 75 \text{kg}$

水：　　　　　　　　　$m_{w0} = m_w = 180 \text{kg}$

砂：　　　　　　　　　$m_{s0} = m_s = 600 \text{kg}$

石：　　　　　　　　　$m_{g0} = 1260 \text{kg}$

其中

小石：247kg。

中石：257kg。

大石：375kg。

特大石：381kg。

表 1-27　　　　　　[例 1-14] 粗骨料超逊径含量调整计算表

骨料粒径（mm）	小石 5~20	中石 20~40	大石 40~80	特大石 80~120	合计
设计级配（%）	20	20	30	30	100
骨料称量（kg）	252	252	378	378	1260
超径含量（%）	2	6	2	0	—
逊径含量（%）	0	4	4	3	—
超径含量（kg）	5	15	8	0	—
逊径含量（kg）	0	10	15	11	—
调整量（kg）	−5	+5	—3	+3	0
施工称量（kg）	247	257	375	381	1260

2. 由骨料含水率换算的施工配合比

根据实测砂石的含水量，将试验室配合比换算成施工配合比。假定砂子的含水率为

a（％），石子的含水率为 b（％），可算出施工配合比（胶凝材料或水泥用量不变）。

砂： $$m_{s0}=m_s[1+a(\%)]\tag{1-17}$$

石： $$m_{g0}=m_g[1+b(\%)]\tag{1-18}$$

水： $$m_{w0}=m_w-m_s\times a(\%)-m_g\times b(\%)\tag{1-19}$$

【例 1-15】 按［例 1-14］的计算结果，若施工现场实测砂子含水率为 4％，石子含水率为 2％，计算混凝土施工配合比。

解： 按式（1-17）～式（1-19）计算后，此时每立方米混凝土的各材料用量即为施工配合比。

水泥： $$m_{c0}=m_c=300kg$$

粉煤灰： $$m_{p0}=m_p=75kg$$

砂： $$m_{s0}=m_s[1+a(\%)]=600\times(1+4\%)=600+24=624\ (kg)$$

小石： $$m_{g0}=m_g[1+b(\%)]=247\times(1+2\%)=247+5=252\ (kg)$$

中石： $$m_{g0}=m_g[1+b(\%)]=257\times(1+2\%)=257+5=262\ (kg)$$

大石： $$m_{g0}=m_g[1+b(\%)]=375\times(1+2\%)=375+7=382\ (kg)$$

特大石： $$m_{g0}=m_g[1+b(\%)]=381\times(1+2\%)=381+8=389\ (kg)$$

水： $$m_{w0}=m_w-m_s\times a(\%)-m_g\times b(\%)=180-24-5-5-7-8=131\ (kg)$$

若混凝土配合比设计和试验室调整中采用面干饱和砂、石计算时，则上列换算中的 a（％）及 b（％）分别代表现场砂、石含水量与砂、石面干饱和含水量之差。

复 习 思 考 题

1-1　配制混凝土时，应如何选择水泥品种及强度等级？

1-2　确定石子最大粒径的意义是什么？如何选用石子的最大粒径？

1-3　何谓混凝土的和易性？其含义是什么？

1-4　有一受侵蚀性介质作用、现浇式的钢筋混凝土结构，试选择该混凝土的强度等级。

1-5　何谓混凝土的耐久性？

1-6　某 C20 混凝土位于水位变化区，且处于寒冷地区，冻融循环总次数大于 50，混凝土掺用引气剂，使用强度等级 42.5 普通水泥，卵石最大粒径为 40mm，试用质量法计算该混凝土的配合比。

1-7　已知混凝土试验室配合比为 $m_c：m_w：m_s：m_g=280：150：590：1240$，施工现场砂子含水率为 4％，石子含水率为 2％，试计算其施工配合比。

第二章 混凝土拌制

混凝土拌制是将水、水泥和粗细骨料按一定配合比进行均匀拌和及混合的过程。合理设计混凝土生产的工艺流程，正确选定拌制系统生产设备型式和能力，科学布置拌和厂，严格控制拌和质量，对保证混凝土质量具有重要的作用。

混凝土拌制是一个工艺复杂而又是机械化、自动化程度较高的一个工序，它的关系如图 2-1 所示。

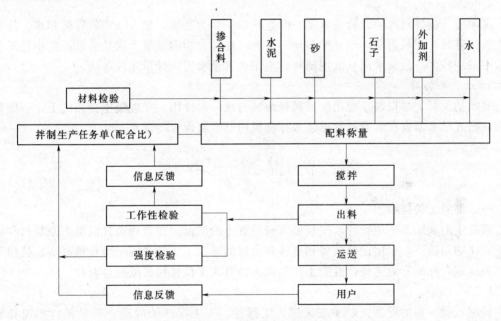

图 2-1　混凝土拌制工艺图

拌制混凝土的目的在于使其形状不同、粗细不同的散状物料拌制成混合均匀，颜色一致，并具有一定的匀质性和所要求流动性的混凝土拌和物。混凝土拌制主要有两个环节：配料与拌和。

第一节　混凝土配料

配料的关键是骨料、水泥、水、外加剂的配合比要准确。混凝土拌和必须按照试验部门签发并经审核的混凝土配料单进行配料，严禁擅自更改。混凝土组成材料的配料量均以重量计。称量的允许偏差，不应超过表 2-1 的规定。

表 2 - 1　　　　　　　　　　混凝土材料称量的允许偏差　　　　　　　　　　%

材　料　名　称	称量允许偏差
水泥、掺合料、水、冰、外加剂溶液	±1
骨料	±2

1. 骨料计量

骨料计量在小工程上可以用箩筐、手推车首次进行称量，此后不需称量，可按同等体积时的首次称量进行计量。一般工程应使用磅秤进行骨料计量。人工配料，劳动强度大、效率低，只适于小型工地。中型工地要求较高，多用轻轨斗车、机动翻斗车、带式运输机与磅秤或者电动杠杆秤联动的配料装置，这是一种半自动化的配料方式，操作简单方便，生产效率较高。大型重要工程配料要求精确度高，生产效率高，因此都要设置专门的全自动化配料系统。

2. 水泥

水泥分为袋装和散装。袋装水泥一般直接以一袋为基准，加入一定的骨料和水。这种方法的优点是，配料简单，但是配料比不准确，往往会影响混凝土搅拌质量，在小型工程施工中采用较多。散装水泥一般用磅秤、电子秤称量水泥，计量比较准确。

3. 水和外加剂

外加剂大都先根据剂量配比配成稀释溶液与水一起使用。在混凝土拌和机上，一般都设有虹吸式量水器，在水通过管道注入拌和机内时，实现自动量水。

第二节　混凝土拌和

一、混凝土的拌和

混凝土的施工工艺和管理水平直接影响混凝土的质量。在合理选择混凝土原材料和确定配合比的前提下，采用正确的拌和方法和合理的施工工序是使混凝土获得密实、抗渗透性和提高耐久性的有效途径，混凝土拌和的方法有人工搅拌和机械搅拌两种。

1. 人工搅拌

拌制数量不多的混凝土，一般采用人工搅拌。人工搅拌的混凝土质量差，水泥耗量多，只有在工程量很少时采用。

人工搅拌混凝土应在铁板上、清洁平整的水泥地面或砖铺地面进行，一般采用"三干三湿"法，即先按配合比进行备料，然后把砂子摊平，将水泥倒在砂子上，用锹干拌 2遍，再加入石子翻拌 1 遍，此后，边缓慢加水，边反复搅拌（至少拌 3 次），直至石子全部被水泥砂浆包住，无离析现象为止，拌和应在 45min 内用完。

另一种方法是将干拌均匀的水泥和砂堆成圆形，中间呈凹窝状，将石子倒入凹窝中，再倒入 2/3 左右的拌和用水，一边搅拌，一边将砂浆往石子堆上盖。在搅拌过程中要防止稀浆向外流，当拌至石子基本混合以后，便进行翻拌，边翻拌边洒水，在较干处多洒，较湿处少洒，直至把剩余的拌和水洒完。

2. 机械搅拌

混凝土的机械搅拌，是利用混凝土搅拌机械，在混凝土施工配合比的控制下，按一定的投料顺序、拌制时间将水泥、粗细骨料、水、掺合料及外加剂制成混凝土拌和物的过程。

混凝土搅拌方式分为自落式和强制式两种。自落式搅拌靠叶片对拌和料进行反复的分割提升及洒落，从而使物料的相对位置不断进行重新分布，而跌落时的冲击加强了这种拌和作用。但这种搅拌方式适合于塑性混凝土的拌和，而干硬性混凝土和轻骨料混凝土的搅拌效果不理想。强制式搅拌可强制拌和料按预定轨迹运动，塑性和干硬性混凝土都可进行有效拌和，但强制式搅拌的转速如果太高，拌和料易离析，转速太低又会使搅拌时间延长，生产效率降低。

为了保证混凝土拌和物的搅拌质量，除了正确选定搅拌方式及设备外，还要确定正确的搅拌制度，如转速、搅拌时间、装料容积及投料次序等。

（1）搅拌鼓筒的转速。自落式搅拌机的鼓筒最佳转速以 60r/min 为宜。强制式搅拌机鼓筒的转速为 6～7r/min，叶片转轴的速度为 30r/min。

（2）搅拌时间。搅拌时间影响混凝土质量及搅拌机生产率，搅拌时间应保证混凝土拌和物的质量。搅拌时间短，混凝土不均匀，混凝土和易性将降低；搅拌时间过长，不仅降低了生产率，而且混凝土的和易性又将重新降低。轻骨料混凝土宜采用强制式搅拌机搅拌，但搅拌时间应延长 60～90s。掺加掺合料、外加剂及冰时，可延长搅拌时间。混凝土搅拌时间要求见表 2-2。新拌混凝土的均匀性应经常检查，混凝土拌和物颜色均一，无明显砂粒及水泥团，石子完全被砂浆包裹，说明其拌和较均匀。

表 2-2　　　　　　　　　　　混凝土最少拌和时间

拌和机容量 Q（m³）	最大骨料粒径（mm）	最少拌和时间（s）	
		自落式拌和机	强制式拌和机
0.8≤Q≤1	80	90	60
1≤Q≤3	150	120	75
Q>3	150	150	90

注　1. 入机拌和量应在拌和机额定容量的 110% 以内；
　　2. 加冰混凝土的拌和时间应延长 30s（强制式 15s），出机的混凝土拌和物中不应有冰块。

（3）装料容积。装料容积一般为搅拌机几何体积的 1/3～1/2。一次搅拌好的混凝土体积称为"出料体积"，约为"装料容积"的 55%～75%。在加料前要根据施工配合比和工地搅拌机的型号，确定搅拌时原材料的每次投料量。

（4）投料次序。计算好每次投料量后就要按一定的加料顺序投料。投料次序有一次投料、二次投料、多次投料等几种。一次投料法是按砂子、水泥、石子依次投料入斗，在投料入机的同时，加入全部拌和用水进行搅拌。这种投料顺序使水泥夹在石子和砂中间，水泥不飞扬，又不粘斗底，且水泥和砂先进入搅拌筒形成水泥砂浆，可缩短包裹石子的时间。二次投料法是先将砂，水泥及水投入搅拌机内，拌制成砂浆，然后加入石子搅拌成混凝土，这种投料方法能使水泥颗粒充分分散，并包裹在砂子表面，拌和均匀的水泥砂浆又将石子均匀地裹住，从而改善了混凝土的流动性。它的优点是克服了一次投料搅拌混凝土常出现的分层泌水现象。在相同配合比例的情况下，同一台搅拌机二次投料比一次投料混凝土的和易性好，在不减少水泥的情况下，坍落度有所提高，强度亦可提高 10%～20%；当采用同机型二次投料减少水泥 10% 后，强度仍比一次投料平均提高 10% 左右。但是二次投料在水灰比较小（0.4 以下）时，混凝土不易充分搅拌均匀，故强度增长率不大；只有当水灰比在 0.5～0.7 左右时，能得到较好的效果。一次、二次投料法中凝胶材料分布不均，为改善混凝土骨料的胶结状况，条件允许时可采用多次投料法。多次投料搅拌混凝土，又叫造壳混凝土，其机理是在骨料外表面造成一层水泥浆体，以提高混凝土的性能。其抗压强度、抗拉强度和握裹力比一次投料搅拌混凝土提高 10%～30%，抗渗性提高 30% 以上。多次投料搅拌混凝土的投料次序可参考表 2-3。

表 2-3　　　　　　　　　　　　　多次搅拌混凝土的投料次序

名　　称	第　一　次	第　二　次	第　三　次
砂浆法	水₁、砂、水泥	粗骨料、水₂、外加剂	
净浆法	水₁、水泥	水₂、砂	粗骨料、水₃、外加剂
裹砂法	水₁、砂	水泥	粗骨料、水₂、外加剂
裹石法	水₁、粗骨料	水泥	砂、水₂、外加剂
裹砂石法	水₁、砂、粗骨料	水泥、水₂、外加剂	

二、混凝土拌制的质量控制

由于投料时搅拌机要粘住一部分砂浆，所以一般第一拌只加规定石子质量的 1/2，以保证混凝土质量，通称为减半混凝土。

使用外加剂时，先将外加剂溶于水中，再倒入鼓筒搅拌。对搅拌吸水性较大的轻骨料混凝土，为使轻骨料达到充分饱和，避免搅拌过程中的真空吸附现象，一般先投入轻骨料，然后投入 2/3 的拌和水，最后再投入其他材料和 1/3 的拌和水，搅拌时间适当延长。

拌制出的混凝土应经常检查其和易性，如差异较大应检查配料（特别是用水量）是否有误，或者骨料含水量和级配是否发生变动，以便及时进行调整。

三、混凝土拌制的质量要求

在搅拌工序中，拌制的混凝土拌和物的均匀性应按要求进行检查。检查混凝土均匀性时，应在搅拌机卸料过程中，从卸料流出的 1/4～3/4 之间部位取样。检测结果应符合下列规定：混凝土中砂浆密度，两次测值的相对误差不应大于 0.8%。单位体积混凝土中粗骨料含量，两次测值的相对误差不应大于 5%。混凝土搅拌的最短时间应符合表 2-2 的规定，混凝土的搅拌时间，每一工作班至少应抽查两次。混凝土拌和物的稠度，应在搅拌地点和浇筑地点分别取样检测，每工作班不应少于 1 次，评定以浇筑地点的为准。检测坍落度时同时观察混凝土拌和物的黏聚性和保水性，全面评定拌和物的和易性。根据需要检查混凝土拌和物的其他质量指标时，检测结果应符合相关规定，如含气量、水灰比和水泥含量等。

混凝土拌和物出现下列情况之一者，按不合格料处理：错用配料单已无法补救，混凝土配料时任意一种材料计量失控或漏项，拌和物不均匀或夹带生料，出机口混凝土坍落度超过最大允许值。

第三节　混凝土拌制设备

混凝土搅拌设备是拌制混凝土的专用成套机械设备，混凝土搅拌设备广泛应用于公路、桥梁、建筑、水利、电力、码头、机场等混凝土工程施工之中。

混凝土拌制设备包括混凝土搅拌机和混凝土搅拌站（楼）。

一、混凝土搅拌机

混凝土搅拌机是将一定配合比的水泥、掺合料、砂石、水和外加剂拌制成具有一定匀质性、和易性要求的混凝土拌和物的机械设备。一般混凝土搅拌机是应用扩散、剪切及对流机理达到均化的目的。采用包装水泥（每袋50kg）搅拌混凝土的，搅拌机的装料应为水泥袋数的整数倍，以充分发挥搅拌机的生产率。工地应该尽量创造条件使用散装水泥，以提高搅拌机的生产能力。搅拌机的型号见图2-2。

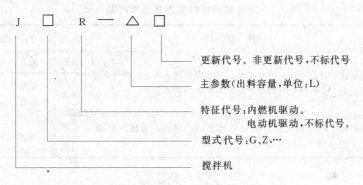

图2-2　搅拌机型号

搅拌机出料口有时要求加装气压传动和手动两种控制方式的出料装置（图2-3、图2-4），使混凝土能充分卸出，消除残渣堆积。

（一）用途与分类

为适应不同混凝土搅拌要求，搅拌机有多种机型。按搅拌原理分为自落式和强制式搅拌机；按搅拌筒形状分为鼓筒式、锥式和圆盘式。其搅拌原理及适用范围见表2-4。

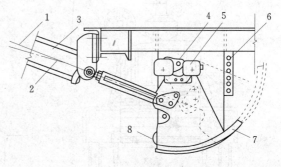

图2-3　气压传动出料闸门

1—闸门闭合时中线；2—闸门开启时中线；3—气缸；4—出口直管；5—开关或连锁控制的水银接点；6—控制闸门开启幅度的销子；7—扇形闸门；8—挡块

1. 自落式搅拌机

这种搅拌机的搅拌鼓筒是垂直放置的。随着鼓筒的转动，混凝土拌和料在鼓筒内做自由落体式翻转搅拌，从而达到搅拌的目的。自落式搅拌机多用以搅拌塑性混凝土和低流动性混凝土。筒体和叶片磨损较小，易于清理，但动力消耗大、效率低。搅拌时间一般为90～120s/盘，其构造见图2-5和图2-6。

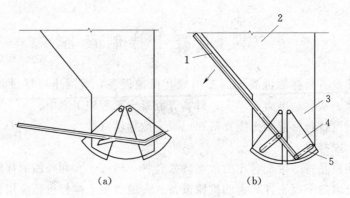

图 2-4　手动出料闸门

(a) 开启形状；(b) 闭合形状

1—手柄；2—料斗；3—出口直管；4—扇形闸门；5—连锁装置

表 2-4　　　　　　　　　搅拌机的搅拌原理及适用范围

类　别	搅　拌　原　理	机型	适　用　范　围
自落式	筒身旋转，带动叶片将物料提高，在重力作用下洒落，进行反复的分割提升，从而使物料的相对位置不断进行重新分布	鼓形	流动性及低流动性混凝土
		锥形	流动性、低流动性及干硬性混凝土
强制式	筒身固定，叶片旋转，对物料施加剪切、挤压、翻滚、滑动、混合	立轴	低流动性和干硬性混凝土
		卧轴	

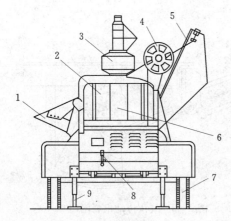

图 2-5　自落式鼓形搅拌机

1—出料槽；2—搅拌筒；3—水计量器；4—上料卷扬器；
5—上料斗；6—大齿轮护罩；7—行走轮；
8—水泵加水器；9—撑脚

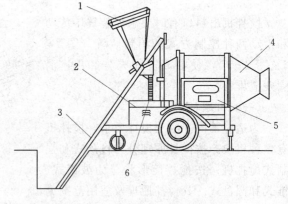

图 2-6　自落式锥形搅拌机

1—上料斗；2—电动机；3—上料轨道；
4—搅拌筒；5—开关箱；6—水管

2. 强制式搅拌机

强制式搅拌机的鼓筒筒内有若干组叶片，搅拌时叶片绕立轴或卧轴旋转，将材料强行搅拌，直至搅拌均匀。这种搅拌机的搅拌作用强烈，适宜于搅拌干硬性混凝土和轻骨料混凝土，也可搅拌流动性混凝土，具有搅拌质量好、搅拌速度快、生产效率高、操作简便及安全等优点。但机件磨损严重，一般需用高强合金钢或其他耐磨材料做内衬，多用于集中搅拌站。构造见图2-7和图2-8。

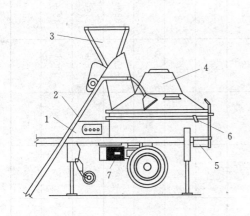

图 2-7 立轴强制式搅拌机

1—开关箱；2—上料轨道；3—上料斗；4—搅拌筒；
5—出浆口；6—进水管；7—电动机

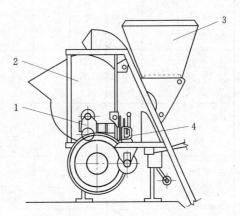

图 2-8 卧轴强制式搅拌机

1—变速装置；2—搅拌筒；3—上料斗；
4—水泵

（二）搅拌机主要技术性能

常用混凝土搅拌机的主要技术性能见表2-5。

（三）搅拌机使用注意事项

（1）安装。搅拌机应设置在平坦的位置，用方木垫起前后轮轴，使轮胎搁高架空，以免在开动时发生走动。固定式搅拌机要装在固定的机座或底架上。

（2）检查。电源接通后，必须仔细检查，经2～3min空车试转认为合格后，方可使用。试运转时应校验拌筒转速是否合适，一般情况下，空车速度比重车（装料后）稍快2～3转，如相差较多，应调整主动轮与传动轮的传动比例。拌筒的旋转方向应符合箭头指示方向，如不符时，应更正电机接线。检查传动离合器和制动器是否灵活可靠，钢丝绳有无损坏，轨道滑轮是否良好，周围有无障碍及各部位的润滑情况等。

（3）保护。电动机应装设外壳或采用其他保护措施，防止水分和潮气浸入而损坏。电动机必须安装启动开关，速度由缓变快。开机后，经常注意搅拌机各部件的运转是否正常。停机时，经常检查搅拌机叶片是否打弯，螺丝有否打落或松动。当混凝土搅拌完毕或预计停歇1h以上时，除将余料出净外，应用石子和清水倒入拌筒内，开机转动5～10min，把粘在料筒上的砂浆冲洗干净后全部卸出。料筒内不得有积水，以免料筒和叶片生锈。同时还应清理搅拌筒外积灰，使机械保持清洁完好。下班后及停机不用时，将电动机保险丝取下，以策安全。

二、混凝土搅拌站（楼）

混凝土拌和站（楼）是由供料、储料、配料、出料、控制等系统及结构部件组成，用于生产混凝土拌和物的成套设备。

水泥混凝土的集中搅拌便于对混凝土配合比作严格控制，从根本上改变了现场分散搅

表 2-5　常用混凝土搅拌机的主要技术性能

项目 \ 型号	J1-250 自落式	JGZR350 自落式	JZC350 双锥自落式	J1-400 自落式	J4-375 强制式	JD250 单卧轴强制式	JS350 双卧轴强制式	JD500 单卧轴强制式	TQ500 强制式	JW500 涡桨强制式	JW1000 涡桨强制式	S4S1000 双卧轴强制式
进料容量 (L)	250	560	560	400	375	400	560	800	800	800	1600	1600
出料容量 (L)	160	350	350	260	250	250	350	500	500	500	1000	1000
拌和时间 (min)	2	2	2	6~12	1.2	1.5	2	2	1.5	1.5~2.0	1.5~3.0	3
平均搅拌能力 (m³/h)	3~5		12~14		12.5	12.5	17.5~21	25.3	20	20	20	60
拌筒尺寸(直径×厚度)(mm×mm)	1218×960	1447×1096	1560×1890	1447×1178	1700×500				2040×650	2042×646	3000×830	
拌筒转速 (r/min)	18	17.4	14.5	18		30	35	26	28.5	28	20	36
电动机 kW	5.5		5.5	7.5	10	11	15	5.5	30	30	55	
电动机 r/min	1440	1440	1440	1450	1450	1460				980		
配水箱容量 (L)	40			65					2020			
外形尺寸 (mm) 长	2280	3500	3100	3700	4000	4340	4340	4580	2375	6150	3900	3852
外形尺寸 (mm) 宽	2200	2600	2190	2800	1865	2850	2570	2700	2138	2950	3120	2385
外形尺寸 (mm) 高	2400	3000	3040	3000	3120	4000	4070	4570	1650	4300	1800	2465
整机重量 (kg)	1500	3200	2000	3500	2200	3300	3540	4200	3700	5185	7000	6500

注　估算搅拌机的产量，一般以出料系数表示，其数值为 0.55~0.72，通常取 0.66。

拌配料不精确的情况。混凝土的集中搅拌有利于采用自动化技术，可使劳动生产率大大提高，节省劳动力，降低成本。

为了保持混凝土生产相对集中，方便管理，减少占地，工程中常根据生产规模和条件，将混凝土制备过程需要的各种设施组装成拌和站或者拌和楼。

1. 拌和站

在中小工程、分散工程、大型工程的零星部位，一般设拌和站生产混凝土。布置拌和站要根据地形确定拌和机的位置、确定出料运输线路的位置、确定料堆的位置、确定进料的方向。拌和站生产混凝土时配料可以由人工完成，也可以由机械完成。拌和站的拌和机布置一般有两种形式，拌和机数量不多的，可采用一字排列布置，拌和机数量多的，可采用双排相向布置，如图 2-9 和图 2-10 所示。

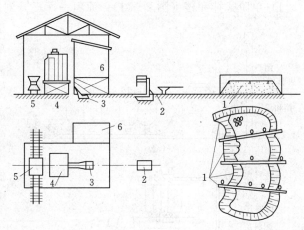

图 2-9　简单拌和站
1—砂石料堆；2—地磅；3—装料斗；4—鼓形搅拌机；
5—运输混凝土斗车；6—水泥仓库

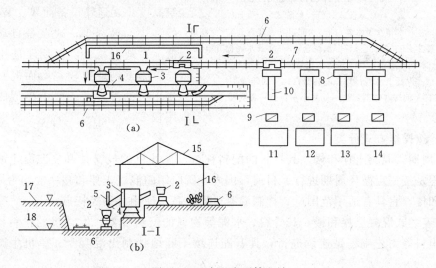

图 2-10　中、小型拌和站
1—水泥仓库；2—斗车；3—搅拌机；4—贮料斗；5—料斗闸门；6—轻车道；
7—重车道；8—装料台；9—地磅；10—斜坡道；11—砂堆；12—小石堆；
13—中石堆；14—大石堆；15—敞篷；16—墙；17—拌和站设在平地时
的地面线；18—拌和站设在台地时的地面线

2. 拌和楼

拌和楼是一种具有连续储料、配料、拌和与出料等功能的生产混凝土的工厂。混凝土拌和楼按混凝土生产的工艺流程、操作方式、机械设备的布置及结构特征分类。

（1）按结构型式分类：

1）单阶式拌和楼（图 2-11）：原料一次提升到顶，经贮料斗靠自重下落，进入称量工序和搅拌工序，最后将熟料卸入底部的运输工具中。单阶式拌和楼的工艺流程优点是生产效率高、结构布置紧凑、占地少、自动化程度高；缺点是结构复杂、安装高度大、安装费用高，投产慢。大型拌和楼一般都采用单阶式布置。适用于混凝土工程量大、使用周期长、施工场地狭小的水利水电工程。

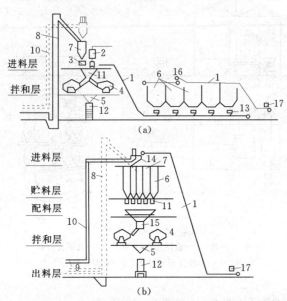

图 2-11 混凝土拌和楼布置示意图
（a）双阶式；（b）单阶式

1—皮带机；2—水箱及量水器；3—水泥料斗及磅秤；4—拌和机；
5—出料斗；6—骨料仓；7—水泥仓；8—斗式水泥提升机；
9—水泥螺旋机；10—风送水泥管道；11—骨料斗；
12—混凝土吊罐；13—配料器；14—回转漏斗；
15—回转喂料器；16—卸料小车；17—进料斗

2）双阶式拌和楼（图 2-11）：材料需要提升两次。首先原材料经人工推车、拉铲、皮带输送机、抓斗等，第一次提升进入贮料斗，下落经过称量配料后，再用提升斗第二次提升进入搅拌机。双阶式拌和楼的优点是建筑高度小、运输设备简单、装拆容易、投产快、投资少；缺点是自动化程度低、占地面积大。适用于使用周期不长，施工场地比较宽敞而混凝土工程量不大的工程，一般中小型的工程采用较多。

（2）按操作方式分类：

1）周期式混凝土拌和楼。其物料的配料称量、搅拌机的投料拌和、混凝土的出料等工艺流程是按一定循环周期进行。目前，国内外所应用的混凝土拌和楼一般均为周期式混凝土拌和楼，它具有适用范围广、拌制混凝土质量高、使用可靠等特点。

2）连续式混凝土拌和楼。其骨料、水泥等物料的配料称量、搅拌机的投料拌和、混凝土的出料等工艺流程是连续进行，具有能连续不断地拌制出混凝土、单机生产率高等特点。

（3）按搅拌机工作原理分类：

1）自落式拌和楼搅拌机的搅拌筒内安装有许多搅拌叶片，随着搅拌鼓的旋转，鼓内的叶片把混合料提升到一定的高度，然后靠自重自由撒落下来。这样周而复始地进行，直至拌匀为止。这种搅拌机一般拌制塑性和半塑性混凝土混凝土。

2）强制式拌和楼搅拌机是其搅拌鼓不动，而由鼓内旋转轴上均置的叶片对混合料产生剪切、挤压、翻转和抛出等多种组合进行拌和。这种搅拌楼拌制质量好，生产效率高；但动力消耗大，且叶片磨损快。一般适用于拌制干硬性混凝土和轻骨料混凝土。

3. 拌和站楼使用注意事项

（1）安装。混凝土拌和站（楼）的安装，应由专业人员按出厂说明书进行，并应在技术人员主持下，组织调试，在各项技术性能全部符合规定并经验收合格后，方可投产使用。与拌和站（楼）配套的空气压缩机、皮带输送机及混凝土搅拌机等设备的安装，应按设备的安装相关规定执行。

（2）作业检查。搅拌筒内和各配套机构的传动，运动部位及仓门、斗门轨道等均无异物卡住。各润滑油箱的油面高度符合规定。打开阀门排放气路系统中气水分离器的过多积水，打开储气筒排污螺塞放出油水混合物。提升斗和拉铲的钢丝绳安装、卷筒缠绕均正确，钢丝绳及滑轮符合规定，提升料斗及拉铲的制动器灵敏有效。各部螺栓已紧固，各进、排阀门无超限磨损，各输送带的张紧度适当，不跑偏。称量装置的所有控制和显示部分工作正常，其精度符合规定。各电器装置能有效控制机械动作，各接触点和动、静触头无明显损伤。

（3）保护。应按拌和站的技术性能准备合格的砂、石集料，粒径超出许可范围的不得使用。机组各部分应逐步启动。启动后，各部件运动的情况和各仪表指示情况应正常，油、气、水的压力符合要求，方可开始作业。作业过程中，在储料区内和提升斗下，严禁人员进入。搅拌筒启动前应盖好仓盖。机械运转中，严禁将手、脚伸入料斗或搅拌筒中。

第四节　混凝土拌制操作

一、施工准备

1. 材料及主要机具

（1）水泥：水泥的品种、强度等级、厂别及牌号应符合混凝土配合比通知单的要求。水泥应有出厂合格证及进场试验报告。

（2）砂：砂的粒径及产地应符合混凝土配合比通知单的要求。砂中含泥量：当混凝土强度等级≥C30 时，含泥量≤3%；混凝土强度等级<C30 时，含泥量≤5%，有抗冻、抗渗要求时，含泥量应不大于 3%。砂中泥块的含量（大于 5mm 的纯泥），当混凝土强度等级≥C30 时，其泥块含量应不大于 1%。混凝土强度等级<C30 时，其泥块含量应不大于 2%，有抗冻、抗渗要求时，其泥块含量应不大于 1%。砂应有试验报告单。

（3）石子（碎石或卵石）：石子的粒径、级配及产地应符合混凝土配合比通知单的要求。石子的针、片状颗粒含量：当混凝土强度等级≥C30 时，应不大于 15%；当混凝土强度等级为 C25～C15 时，应不大于 25%。

石子的含泥量（小于 0.8mm 的尘屑、淤泥和黏土的总含量）；当混凝土强度等级≥C30 时，应不大于 1%；当混凝土强度等级为 C25～C15 时，应不大于 2%；当对混凝土有抗冻、抗渗要求时，应不大于 1%。

石子的泥块含量（大于 5mm 的纯泥）：当混凝土强度等级≥C30 时，应不大于 0.5%；当混凝土强度等级<C30 时，应不大于 0.7%；当混凝土强度等级≤C10 时，应不大于 1%。石子应有试块报告单。

（4）水：宜采用饮用水。其他水，其水质必须符合现行混凝土拌和用水标准的规定。

（5）外加剂：所用混凝土外加剂的品种、生产厂家及牌号应符合配合比通知单的要求。外加剂应有出厂质量证明书及使用说明，并应有有关指标的进场试验报告。国家规定要求认证的产品，还应有准用证件。外加剂必须有掺量试验。

混合材料（目前主要是掺粉煤灰，也有掺其他混凝土材料的，如 UEA 膨胀剂、沸石粉）等；所用混合材料的品种、生产厂家及牌号应符合配合比通知单的要求。混合材料应有出厂质量证明书及使用说明，并应有进场试验报告。混合材料还必须有掺量试验。

（6）主要机具：混凝土搅拌机宜优先采用强制式搅拌机，也可采用自落式搅拌机。计量设备一般采用磅秤或电子计量设备。水计量可采用流量计、时间继电器控制的流量计或水箱水位管标志计量器。上料设备有双轮手推车、铲车、装载机、砂石输料斗等以及配套的其他设备。现场试验器具，如坍落度测试设备、试模等。

2. 作业条件

试验室已下达混凝土配合通知单，并将其转换为每盘实际使用的施工配合比，并公布于搅拌配料地点的标牌上。

所有原材料经检查，全部应符合配合比通知单所提出的要求。

搅拌机及其配套的设备应运转灵活、安全可靠。电源及配电系统符合要求，安全可靠。

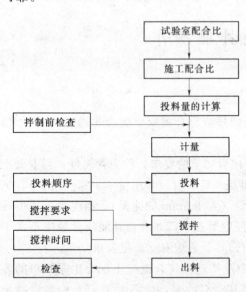

图 2-12　混凝土拌制工艺流程

所有计量器具必须有检定的有效期标识。地磅下面及周围的砂、石清理干净，计量器具灵敏可靠，并按施工配合比设专人定磅。

管理人员向作业班组进行配合比、操作规程和安全技术交底。

需浇筑混凝土的工程部位已办理隐检、预检手续，混凝土浇筑的申请单已经有关管理人员批准。

二、混凝土的拌制

1. 基本工艺流程

基本工艺流程，如图 2-12 所示。

2. 施工配合比的确定

混凝土的配合比是在试验室根据初步计算的配合比经过试配和调整而确定的，称为试验室配合比。确定试验室配合比所用的骨料—砂石都是干燥的。施工现场使用的砂石都具有一定的含水率，含水率大小随季节、气候不断变化。这样仍按原配比投料，必然导致配合比不符。为保证混凝土工程质量，保证按配合比投料，在拌制混凝土前应根据砂、石的实际含水率对试验室配合比进行调整，所得的调整后的配合比称为施工配合比。

已知实验室配合比时，在施工现场测得砂石含水率，可按式（1-17）～式（1-19）计算施工配合比。

【例 2-1】 某工程混凝土实验室配合比为：$m_c : m_w : m_s : m_g = 1 : 0.63 : 2.30 :$

4.45，每立方米混凝土水泥用量为 $m_c=280kg$，现场实测砂含水率 3%，石子含水率 1%，求施工配合比。

解：每立方米混凝土实验室配合比的各材料用量

水泥：$\qquad\qquad\qquad m_c=280\times1.00=280$（kg）

水：$\qquad\qquad\qquad\quad m_w=280\times0.63=176$（kg）

砂：$\qquad\qquad\qquad\quad m_s=280\times2.30=644$（kg）

石：$\qquad\qquad\qquad\quad m_g=280\times4.45=1246$（kg）

施工配合比：

水泥：$\qquad\qquad\qquad\quad m_{c0}=m_c=280kg$

砂：$\quad m_{s0}=m_s[1+a(\%)]=644\times(1+3\%)=644+19=663$（kg）

石：$\quad m_{g0}=m_g[1+b(\%)]=1246\times(1+1\%)=1246+12=1258$（kg）

水：$\quad m_{w0}=m_w-m_s\times a(\%)-m_g\times b(\%)=176-19-12=145$（kg）

3. 投料量的计算

施工配合比确定后，应根据所用的搅拌机的出料容量及拌和任务单计算每拌一盘混凝土的各材料用量

【例2-2】 按［例2-1］的计算结果，采用 400L 混凝土搅拌机（出料系数为 0.65），求搅拌时的一次投料量。

解：400L 混凝土搅拌机每次可搅拌出混凝土：$400L\times0.65=260L=0.26$（m^3）

则搅拌时的一次投料量

水泥：$\qquad\qquad\quad 280\times0.26=72.8$（kg）

砂：$\qquad\qquad\quad 72.8\times(663/280)=172.4$（kg）

石：$\qquad\qquad\quad 72.8\times(1258/280)=327.1$（kg）

水：$\qquad\qquad\quad 72.8\times(145/280)=37.7$（kg）

取一袋水泥（50kg），则搅拌时的一次投料量

水泥：50kg

砂：$\qquad\qquad\quad 50\times(663/280)=118.0$（kg）

石：$\qquad\qquad\quad 50\times(1258/280)=225.0$（kg）

水：$\qquad\qquad\quad 50\times(145/280)=25.9$（kg）

4. 拌制前工作检查

每台班开始前，对搅拌机及上料设备进行检查并试运转；对所用计量器具进行检查并定磅；校对施工配合比；对所用原材料的规格、品种、产地、牌号及质量进行检查，并与施工配合比进行核对；对砂、石的含水率进行检查，如有变化，应及时通知试验人员调整用水量。一切检查符合要求后，方可开盘拌制混凝土。

5. 计量

砂、石计量：用手推车上料时，必须车车过磅，卸多补少。有贮料斗及配套的计量设备，采用自动或半自动上料时，需调整好斗门关闭的提前量，以保证计量准确。砂、石计量的允许偏差应≤±3%。

（1）水泥计量：搅拌时采用袋装水泥时，对每批进场的水泥应抽查 10 袋的重量，并

计量每袋的平均实际重量。小于标定重量的要开袋补足，或以每袋的实际水泥重量为准，调整砂、石、水及其他材料用量，按配合比的比例重新确定每盘混凝土的施工配合比。搅拌时采用散装水泥的，应每盘精确计量。水泥计量的允许偏差应≤±2%。

（2）外加剂及混合料计量：对于粉状的外加剂和混合料，应按施工配合比每盘的用料，预先在外加剂和混合料存放的仓库中进行计量，并以小包装运到搅拌地点备用。液态外加剂要随用随搅拌，并用比重计检查其浓度，用量筒计量。外加剂、混合料的计量允许偏差应≤±2%。

（3）水计量：水必须盘盘计量，其允许偏差应≤±2%。

6. 投料顺序

现场拌制混凝土，一般是计量好的原材料先汇集在上料斗中，经上料斗进入搅拌筒。水及液态外加剂经计量后，在往搅拌筒中进料的同时，直接进入搅拌筒。原材料汇集入上料斗的顺序如下：

（1）当无外加剂、混合料时，依次进入上料斗的顺序为石子、水泥、砂。

（2）当掺混合料时，其顺序为石子、水泥、混合料、砂。

（3）当掺干粉状外加剂时，其顺序为石子、外加剂、水泥、砂或顺序为石子、水泥、砂子、外加剂。

7. 搅拌要求

由于投入骨料时要粘住一部分砂浆，所以一般第一拌只加规定石子质量的 1/2，以保证混凝土质量。

使用外加剂时，先将外加剂溶于水中，再倒入鼓筒搅拌。对一搅拌吸水性较大的轻骨料混凝土，为使轻骨料达到充分饱和，避免搅拌过程中的真空吸附现象，一般先投入轻骨料，然后投入 2/3 的拌和水，最后再投入其他材料和 1/3 的拌和水，搅拌时间适当延长。

拌制出的混凝土应经常检查其和易性，如差异较大应检查配料（特别是用水量）是否有误，或者骨料含水量和级配是否发生变动，以便及时进行调整。

8. 搅拌时间

混凝土搅拌的最短时间应按表 2-2 控制。

9. 出料

出料时，先少许出料，目测拌和物的外观质量，如目测合格方可出料。每盘混凝土拌和物必须出尽。

10. 混凝土拌制的质量检查

检查拌制混凝土所用原材料的品种、规格和用量，每一个工作班至少两次。

检查混凝土的坍落度及和易性，每一工作班至少两次。混凝土拌和物应搅拌均匀、颜色一致，具有良好的流动性、黏聚性和保水性，不泌水、不离析。不符合要求时，应查找原因，及时调整。

在每一工作班内，当混凝土配合比由于外界影响有变动时（如下雨或原材料有变化），应及时检查。

混凝土的搅拌时间应随时检查。

按以下规定留置试块：每拌制 100 盘且不超过 100m³ 的同配合比的混凝土其取样不

得少于一次；每工作班拌制的同配合比的混凝土不足 100 盘时，其取样不得少于一次；对现浇混凝土结构，每一现浇楼层同配合比的混凝土，其取样不得少于一次；有抗渗要求的混凝土，应按规定留置抗渗试块。

每次取样应至少留置一组标准试件，同条件养护试件的留置组数。可根据技术交底的要求确定。为保证留置的试块有代表性，应在第三盘以后至搅拌结束前 30min 之间取样。

复 习 思 考 题

2-1 对混凝土的原材料计量配料有何要求？

2-2 混凝土拌和的目的是什么？

2-3 何谓拌和混凝土的"三干三湿法"？

2-4 简述混凝土搅拌机的工作原理。

2-5 简述混凝土的搅拌制度。

2-6 简述混凝土拌制的质量要求。

2-7 多次投料法的特点是什么？

2-8 简述混凝土拌和的投料顺序有哪些？

2-9 混凝土拌和站及拌和楼的特点是什么？

2-10 混凝土搅拌机使用时的注意事项有哪些？

第三章 混凝土运输

混凝土运输方式一般划分为水平运输（由拌和地点到浇筑部位附近）和垂直运输（把混凝土起吊入仓），有的也划分为连续式运输和循环式运输。连续式运输有皮带运输机和混凝土泵，它可同时具有水平、垂直运输作用。水平运输的循环式运输机有：手推车、斗车、自卸汽车、混凝土搅拌运输车、铁路列车；垂直运输的循环式设备，如各种吊车等。

第一节 混凝土运输要求

由于搅拌筒卸出的混凝土拌和物系介于固体与液体之间的弹塑性物体，故只有当作用在骨料颗粒上的内摩擦力、黏滞力、重力等处于静力平衡状态时，颗粒才能处于固定位置，而不会出现分层离析现象，混凝土的均质性也才不致遭到破坏。但当混凝土拌和物在运输过程中处于运动状态时，颗粒将失去平衡状态，骨料也在自重作用下下沉，并且颗粒质量愈大，向下沉落的趋势愈强。由于粗、细骨料、水泥浆的质量各不相同，因此，他们总是各自集结在一定深度，形成混凝土拌和物的分层离析。

混凝土运输是整个混凝土施工中的一个重要环节，为了保证混凝土的运输质量，应选取最佳的运输方案。混凝土运输方案的选择，应根据建筑结构的特点、混凝土的总体积、每天每小时要求灌筑的混凝土量、运输距离、地形、道路和气候条件以及现有设备情况等综合进行考虑。无论采用何种运输方案，均应满足以下要求及相关规定：

（1）根据混凝土的最大浇筑量和运距选择运输设备的数量及型号。

（2）混凝土运输的容器应严密、不漏浆，容器的内壁应平整光洁、不吸水，粘附的混凝土残渣应经常清除。混凝土装入容器前应先用水将容器湿润。

（3）同时运输两种以上强度等级的混凝土时，应在运输设备上设置标志，以免混淆。

（4）尽量缩短运输时间、减少转运次数。混凝土的运输时间不宜超过规范的规定。因故停歇过久，混凝土产生初凝时，应作废料处理。在任何情况下，严禁中途加水后运入仓内。掺有外加剂或采用快硬水泥（或纯熟料水泥）拌制混凝土时，运输延续时间应按实验结果来确定。轻骨料混凝土的运输时间应当适当缩短。

（5）运输时应尽量避免拌和物振动、离析、分层。混凝土运至浇筑地点应具有表1-2所规定的坍落度。如有离析现象，必须在浇捣前进行二次搅拌。

（6）保证混凝土的浇筑量，尤其是滑模施工和不允许留施工缝的大体积混凝土浇筑等情况下，混凝土运输必须保证其浇筑工程能够连续进行。

（7）对大体积混凝土应优先采用吊罐式直接入仓的运输方式。当采用其他运输设备时，应采取措施避免砂浆损失和混凝土分离。

（8）混凝土拌和物自由下落高度以不大于2m为宜，超过此界限时应采用缓降措施如溜管、串筒等，或用皮带机运输；超过8m则宜用振动串筒。

（9）混凝土运输工具及浇筑地点，必要时应有遮盖或保温设施，以避免因日晒、雨淋。气候炎热时须予以覆盖，以防蒸发；冬季施工时，应采取保温措施，以防冻结。

第二节 混凝土运输机具

塔吊式皮带机，先后在我国长江三峡工程，小浪底工程使用。塔带机是集水平运输与垂直运输于一体，将塔机与皮带运输机有机结合的专用皮带机。

CC200-24型塔带机组是用于混凝土浇筑的一条水平和垂直运输生产线。它由螺旋给料机、铰接式输送机、伸缩式输送机、起重机底盘、柴油发电机等组成。还有混凝土运输车或其他自卸运输汽车作为水平运输的配套设备。

混凝土运输机具的种类很多，一般分为循环式运输机具（如手推车、自卸汽车、机动翻斗车、搅拌运输车、各种井架、桅杆、塔式起重机以及其他起重机械等）和连续式运输机具（如皮带运输机、混凝土泵等）两类。

人工运输混凝土常用手推车、架子车和斗车等。手推车有单轮、双轮两种。多用双轮手推车（图3-1），其容量一般为0.1～0.12m³；单轮手推车容量一般为0.05～0.06m³。手推车操作灵活、装卸方便，适用于楼地面工程的水平运输。

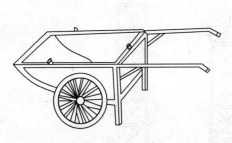

图3-1 双轮手推车

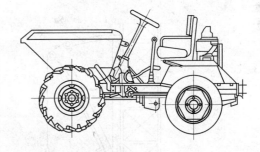

图3-2 机动翻斗车

机动翻斗车（图3-2）系采用柴油机装配而成的，最大行驶速度达到35km/h，车前装有容积为0.467m³的料斗，载重量为1000kg。机动翻斗车具有轻便灵活、结构简单、转弯半径小、速度快、能自动卸料、操作维护简便等特点。适用于和混凝土搅拌机配合，做短距离水平运输混凝土使用，另外，还可以运输砂、石等散装材料。

自卸汽车（图3-3）是以载重汽车作为驱动力，在其底盘上装置一套液压升降机构，使车厢举升和降落，以便自卸物料。自卸汽车适用于远距离和混凝土需用量大的水平运输。

混凝土搅拌运输车（图3-4）是在载重或专用汽车的底盘上装置一个梨型反转出料

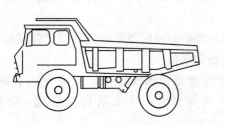

图 3-3　自卸汽车

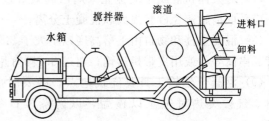

图 3-4　混凝土搅拌运输车

的搅拌机。它兼有运输和搅拌混凝土的双重功能。混凝土搅拌运输车在运输的同时，对其缓慢地搅拌 2~4r/min，以防止混凝土在运输过程中出现初凝或离析现象，从而保证混凝土的质量。运距较远时，则可将全部干料装入搅拌筒，先作干料运输，在达到使用地点前 10~15min 时再加水搅拌 3~12r/min，到达后即可使用。主要作为集中搅拌站与施工工地之间的运输机具，特别适用于大型混凝土工程。

井架运输机（图 3-5）有一机多用、构造简单、装卸方便等优点，适用于混凝土的垂直运输。其高度一般超出建筑物 8~10m，起重高度为 25~40m。井架运输机由井架、台车拔杆、卷扬机、吊盘、自动倾卸吊斗及钢丝缆绳等组成。拔杆可设在井架的一角或对称角上，吊盘可设在井架内或井架外侧，吊斗则设于井架内。混凝土搅拌机一般设在井架附近。使用普通装有升降平台的井架，混凝土用双轮推车推到平台上（每次可装 2~4 部）提升到楼层上，再用手推车推至铺在楼面上的跳板上，推到浇筑地点，采用这种方法可用较少的转运次数就将混凝土运到浇筑地点，井架可以兼运其他材料，利用率高。

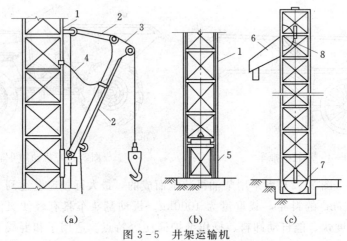

图 3-5　井架运输机
（a）拔杆式；（b）吊盘式；（c）吊斗式
1—井架；2—钢丝绳；3—拔杆；4—安全索；5—吊盘；
6—卸料溜槽；7—吊斗；8—吊斗卸料

塔式起重机（图 3-6）主要用于高层建筑的混凝土垂直运输。塔式起重机一般均配有料斗，料斗容积一般为 0.3~3m³，上部开口装料，下部安装扇形手动闸门，可直接将混凝土卸入仓内。当搅拌站设在塔式起重机工作半径范围内时，塔式起重机可完成地面、垂直及楼面运输而不需要二次搬运。

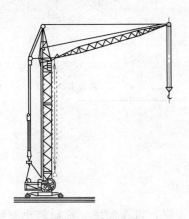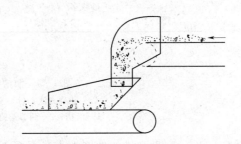

图 3-6 塔式起重机　　　　图 3-7 两架皮带运输机连接运混凝土料的正确方法

皮带机在混凝土浇筑量和浇筑速度稳定，既有水平运距又有相当高差时，可采用皮带运输混凝土，但运距不宜太长，否则设备过多、成本过高，混凝土也易丧失水分而黏结在皮带上。使用皮带运输机时要注意：运输距离不宜超过 50m；两台皮带运输机卸装在来料胶带尽端设置料罩，承接胶带设置接料槽，以防止混凝土离析（图 3-7）。

混凝土泵（图 3-8）对一些工作面狭窄的混凝土工程（如隧洞混凝土衬砌），常用混凝土泵运送混凝土料。混凝土泵工作原理类似于往复式水泵，在活塞内作往复运动的柱塞将受料斗中的混凝土吸入并压出，经输送混凝土的管道送到浇筑地点。

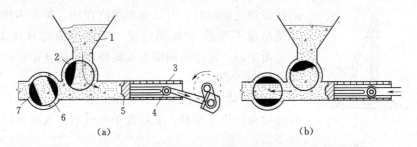

(a)　　　　　　　　　　(b)

图 3-8 混凝土泵工作原理

(a) 吸出行程；(b) 压送行程

1—承料斗；2—吸入阀；3—曲柄连杆系统；4—柱阀；

5—柱塞；6—压出阀；7—送料导管

第三节　混凝土运输辅助工具

为保证混凝土不发生分离，还必须设置溜槽、串筒等缓降辅助设施以及与吊车配套的吊罐等。他们通常称为辅助设施。

溜槽与振动溜槽。溜槽（图 3-9）为木制或金属槽子，可从皮带机、自卸汽车、斗车等受料，将混凝土转送入仓。其坡度可由试验确定，一般不宜大于 30°，混凝土移动速

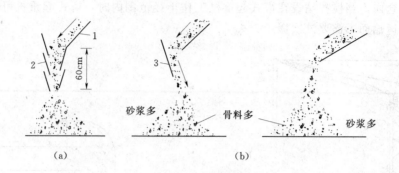

图 3-9 溜槽卸料

(a) 正确方法；(b) 不正确方法

1—溜槽；2—两节溜筒；3—挡板

度不宜大于 1m/s。如果溜槽的坡度太小，混凝土移动太慢，可在溜槽底部加装小型振动器。如果溜槽太斜，卸料高度过大时，可采用振动溜槽。振动溜槽为一个半圆形断面的金属槽，其上装有振动器，单节长 4～6m，拼装总长可达 30m，采用溜槽导送混凝土入仓时，在溜槽末端应加设挡板和垂直漏斗，以免混凝土产生离析。

串筒与振动串筒。串筒（图 3-10）有长 0.8～1.0m 的铁皮管节成串绞挂而成，工作时通过其上的漏斗悬吊在脚手架上，用斗车或皮带机供料，卸料面积可控制在半径为 1～

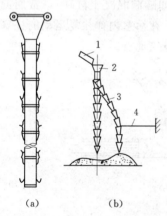

图 3-10 串筒

(a) 垂直位置；(b) 拉向一侧卸料

1—运料工具；2—受料斗；

3—溜管；4—拉索

1.5m 的范围内。牵动时注意保持其出口段 2m 左右的长度与浇筑面积垂直，以防卸出的混凝土离析。串筒出口距浇筑面积的距离不大于 1.5m，串筒筒节的断面应上大下小，因而在混凝土通过时，可以起到缓降作用，串筒多用于混凝土卸落高度不超过 10m 的情况。振动串筒与普通串筒相似，只是沿串筒一定距离间隔设置振捣器，防止中途堵塞，卸料高可达 10～20m。

吊罐有卧罐（图 3-11）和立罐（图 3-12）之分。卧罐通过自卸汽车受料，立罐置于平台列车直接在搅拌楼出料口受料。

混凝土料斗（即吊斗）是水平运输与垂直运输的转运工具。混凝土吊斗有：圆锥形吊斗、方形吊斗、簸箕形浇筑斗（图 3-13）。

其中圆锥形吊斗与方形吊斗可直接搁置在模板上卸料。适用于浇筑面积宽的混凝土工程，但重心较高要注意其稳定性。簸箕形浇筑漏斗的卸料口较小，适用于柱、桩、墙体等竖向构件的浇筑。可由起重臂吊至模板上口卸料，卸料手柄可系上绳子在下方操纵。

移动式浇筑斗都是为水平输送混凝土时中间转运的一种固定装置，用以分配和贮存混凝土。其构造简单、使用方便、可以移动。移动式浇筑斗兼有小车及料斗的作用，卸料时由卷扬机系统将料斗后部提起卸出混凝土。

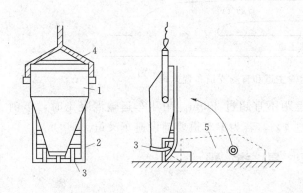
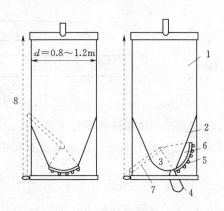

图 3-11　卧罐

1—装料斗；2—滑架；3—斗门；

4—吊梁；5—平卧状态

图 3-12　立罐

1—金属筒；2—料斗；3—出料口；4—橡皮垫；

5—辊轴；6—扇形活门；7—手柄；8—索

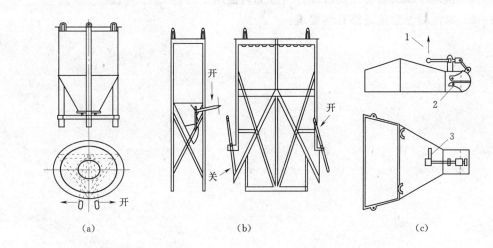

　　（a）　　　　　　　　（b）　　　　　　　　（c）

图 3-13　混凝土吊斗形式

（a）圆锥形吊斗；（b）方形吊斗；（c）簸箕形浇筑斗

1—开口方向；2—啮合齿；3—手柄

第四节　混凝土运输道路要求

　　场内运输道路应尽量平坦，以减少运输时的振动，避免造成混凝土分层离析，同时还应考虑布置环形回路，施工高峰时应有专人管理，以免车辆拥挤阻塞，临时架设的便道，架板接头要平顺。

　　浇筑基础时，可采用单向运输主道和单向运输支道的方式；浇注时，可采用来回运输主道和盲肠支道的布置方式（图 3-14）。

　　运输道的宽度要根据单行或双行及车辆而定，一般单轮手推车单行宽度为 0.3～0.6m，双行道宽度为 1.2～1.5m；双轮手推车单行道宽度为 0.6～1m，双行道宽度为

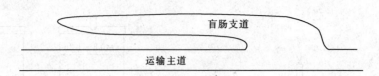

图 3-14　来回运输主道和盲肠支道布置方式

1.5～2.5m；局部纵坡不宜大于 15％，运距不宜超过 200m。用斗车运输混凝土时，车辆转弯半径应大于 10m，局部纵坡不宜超过 4％。若为单车道要铺设避车叉道。

复 习 思 考 题

3-1　混凝土运输方式如何分类？

3-2　简述混凝土运输的要求与注意事项。

3-3　混凝土运输机具有哪些？

3-4　混凝土辅助运输工具有哪些？应如何使用？

3-5　对混凝土运输道路有何要求？

第四章 混凝土浇筑

第一节 混凝土入仓与振捣

一、混凝土浇筑前的准备工作

浇筑前的准备工作主要有：地基面的处理；施工缝和结构缝的处理；模板、钢筋、预埋件的检查；浇筑仓面布置等。

（1）地基面的处理。为了保证所浇筑的混凝土和基础紧密结合，浇筑前必须按设计要求对地基面进行妥善处理。对砂砾石地基，应将地面整平，浇 10～20cm 低强度等级混凝土作垫层，以防漏浆；对土基可用碎石垫底，上盖湿砂压实，再浇垫层。

（2）施工缝的处理。浇筑块间的新老混凝土结合面就是施工缝。在新混凝土浇筑前，必须对老混凝土表面加以处理，将其表面的光滑乳皮清除干净，成为干净的有一定数量石子半露的麻面，以利新老混凝土结合。施工缝处理的方法可根据混凝土浇筑时间及气温确定，一般有高压水冲毛、风砂枪喷毛、钢丝刷刷毛、风镐凿毛和人工凿毛等方法。

（3）模板、钢筋、预埋件经检查，应满足设计要求。

（4）浇筑仓面布置，应满足施工组织设计要求。

二、混凝土铺料与平仓

1. 混凝土入仓要求

混凝土入仓时，应尽量使混凝土按先低后高进行，并注意分料，不要过分集中。要求为：根据混凝土强度等级分区，先高强度等级后低强度等级进行下料，以防止减少高强度等级区的断面。由迎水面至背水面，把泌水赶至背水面部分，然后处理集中的泌水。仓内有低塘或斜面，应按先低后高进行卸料，以免泌水集中带走灰浆。浇筑块内有廊道、钢管或埋件的仓位，混凝土入仓必须两侧平起，廊道、钢管两侧的混凝土高差不得超过铺料的厚度（一般 30～50cm）。

2. 混凝土铺料厚度

铺料厚度应根据拌和能力、运输距离、浇筑速度、气温及振捣器的性能等因素确定。在一般情况下，浇筑层的允许最大厚度，不应超过表 4-1 规定的数值，如采用低流态混凝土及大型强力振捣设备时，其浇筑层厚度应根据试验确定。

当浇筑上一层混凝土时，下层混凝土已初凝，即下层混凝土表面的乳皮无法在振捣中消失，结合面就成为软弱带，构成冷缝。为了避免产生冷缝，仓面面积 A 和浇筑层厚度 H 必须满足式 4-1 的要求。

表 4 - 1　　　　　　　　　　　　**混凝土浇筑的允许最大厚度**

振捣器类别		浇筑层的最大允许厚度	振捣器类别	浇筑层的最大允许厚度
插入式	电动、风动振捣器	振捣器工作长度的 0.3 倍	表面振动器 在无筋和单层钢筋结构中	250mm
	软轴振捣器	振捣器头长度的 1.25 倍	在双层钢筋结构中	120mm

$$AH \leqslant KQ(T_2 - T_1) \tag{4-1}$$

式中　A——浇筑仓面最大水平面积，m^3；

　　　H——浇筑厚度，取决于振捣器的工作深度，一般为 0.3～0.5m；

　　　K——时间延误系数，可取 0.8～0.85；

　　　Q——混凝土浇筑的实际生产能力，m^3/h；

　　　T_1——混凝土运输、浇筑所占时间，h；

　　　T_2——混凝土初凝时间，h。

3. 混凝土铺料要求

在浇筑第一层混凝土前，应在湿润和清洁的基岩或老混凝土面上铺一层厚 2～3cm 的水泥砂浆（接缝砂浆），以保证新混凝土与基岩或老混凝土结合良好。水平施工缝只能逐步覆盖，接缝砂浆在老混凝土面上边摊铺边浇混凝土。砂浆的水灰比应较混凝土水灰比减少 0.03～0.05。混凝土的浇筑，应按一定厚度、次序、方向分层进行。

混凝土允许间隔时间是指，自混凝土拌和机出料口到初凝前覆盖上层混凝土为止的这一段时间。它与气温、太阳辐射、风速、混凝土入仓温度、水泥品种、掺外加剂品种等条件有关。当未掺外加剂和混合材料时以及未采用其他特殊措施时，混凝土铺料的允许间隔时间见表 4 - 2。当掺用外加剂或混合材料时，应通过试验确定。

表 4 - 2　　　　　　　　　　　　**混凝土浇筑允许间歇时间**

混凝土浇筑气温（℃）	普通硅酸盐水泥（min）	矿渣硅酸盐水泥及火山灰硅酸盐水泥（min）
20～30	90	120
10～20	135	180
5～10	195	—

混凝土浇筑时因故超过允许的间歇时间，如面积不大，位置也不在迎水面，用插入式振捣器振捣 30s，周围 10cm 以内的混凝土还能泛浆，在不留孔时，仍可继续浇筑。否则应停止浇筑，待混凝土强度达到 2.5MPa 以上，混凝土面上能行人时按施工接缝处理后才能继续浇筑。

4. 混凝土铺料方式

常用的铺料方式有以下三种：

（1）平层浇筑法。如图 4 - 1（a）所示，是混凝土按水平层连续地逐层铺填，第一层浇完后，再浇第二层，依此类推直至达到设计高度。要求下层混凝土初凝之前应覆盖上一层混凝土，否则将出现冷缝。

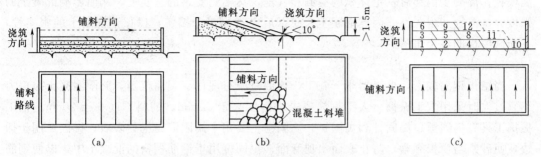

图 4-1 混凝土铺料方式

(a) 平层浇筑法；(b) 斜层浇筑法；(c) 台阶浇筑法

(2) 斜层浇筑法。如图 4-1 (b) 所示，是按浇筑块高，从一端向另一端推进，推进中及时覆盖，以免发生冷缝。斜层坡度不超过 10°，否则在平仓振捣时易使砂浆流动，骨料分离，下层已捣实的混凝土也可能产生错动。浇筑块高度一般限制在 1.5m 左右，超过时应减小仓面面积。当浇筑块较薄，且对混凝土采取预冷措施时，斜层浇筑法是较常见的方法。

(3) 台阶浇筑法。如图 4-1 (c) 所示，是从块体短边一端向另一端铺料，边前进、边加高，逐步向前推进并形成明显的台阶，直至把整个仓位浇到收仓高程。浇筑坝体迎水面仓位时，应顺坝轴线方向铺料。

浇筑块的台阶层数以 3～5 层为宜，层数越多，易使下层混凝土错动，并使浇筑仓内平仓振捣机械上下频繁调动，容易造成漏振。浇筑过程中，要求台阶层次分明。铺料厚度一般为 0.3～0.5m，台阶宽度应大于 1m，长度应大于 2～3m，坡度不大于 1:2。

5. 混凝土平仓方式

平仓是把卸入仓内成堆的混凝土摊平到要求的均匀厚度。平仓不当会造成离析，使骨料架空，严重影响混凝土质量。

人工平仓用铁锹，平仓距离不超过 3m。在靠近模板和钢筋较密的地方，用人工平仓，使石子分布均匀。水平止水、止浆片底部要用人工送料填满，严禁料罐直接下料，以免止水、止浆片卷曲和底部混凝土架空。门槽、机组埋件等空间狭小的二期混凝土用人工平仓。各种预埋件仪器周围用人工平仓，防止位移和损坏。

振捣器平仓时应将振捣器斜插入混凝土料堆下部，使混凝土向操作者位置移动，然后一次一次地插向料堆上部，直至把混凝土摊平到规定的厚度为止。如将振捣器垂直插入料堆顶部，平仓工效固然较高，但易造成粗骨料沿椎体四周下滑，砂浆则集中在中间形成砂浆窝，影响混凝土匀质性。经过振动摊平的混凝土表面可能已经泛出砂浆，但内部并未完全捣实，切不可将平仓和振捣合二为一，影响浇筑质量。

三、混凝土振捣

混凝土振捣是保证混凝土浇筑质量的关键工序。振捣的目的是尽可能减少混凝土中的空隙，以清除混凝土内部的孔洞和蜂窝，并使混凝土与模板、钢筋及埋件紧密结合，从而保证混凝土的最大密实度，提高混凝土的质量。

混凝土灌入模板以后，由于骨料间的摩擦阻力和水泥浆的黏结力的作用，不能自动充满模板，混凝土内部有一定体积的空洞和气泡，达不到要求的密实度，从而影响混凝土的强度、抗渗性和耐久性。因此混凝土入模以后应进行充分捣实，以保证混凝土的密实性，并充满模板的各个角落。

1. 振捣方式

当结构钢筋较密，振捣器难于施工，或混凝土有埋件、观测仪器，周围混凝土振捣力不宜过大时采用人工振捣。人工振捣要求坍落度大于 50mm，铺料厚度小于 20cm。人工振捣工具有捣固锤、捣固杆和捣固铲。捣固锤主要用来捣固混凝土的表面；捣固铲用于插边，使砂浆与模板靠紧，防止表面出现麻面；捣固杆用于钢筋稠密的混凝土中，以使钢筋被水泥砂浆包裹，增加混凝土与钢筋之间的握裹力。

其他场合一般采用振捣器振捣。振捣器一般产生较小振幅、高频率的振动，混凝土在其振动力的作用下，内摩擦力和黏结力大大降低，并产生液化，使干稠的混凝土获得了流动性。在重力的作用下，骨料互相滑动而紧密排列，空隙由砂浆所填满，空气被排出，从而使混凝土密实，并填实模板内部空间，且与钢筋紧密结合。与人工振捣相比较，无论在保证质量、节约水泥、减轻工人劳动强度、提高劳动生产率等方面都有很大的优势。

2. 振捣器

内部式振捣器又称插入式振捣器，多用于振捣基础、柱、梁、墙等构件及大型设备基础等大体积混凝土结构的内部振捣。

中频偏心软轴插入式振捣器（图 4-2）是电机通过增速器转动软轴内的钢丝软轴，使振捣器内的偏心块转动产生离心力，振捣器发生振动。这种振捣器的振动频率 6000～6200 次/min，电机转数为 2850r/min。提高振捣器的频率可显著提高对混凝土的振动效果，但对偏心式振捣器不能再提高其软轴的转数和振动频率，否则机械磨损过大，使软轴、轴承寿命大大缩短。

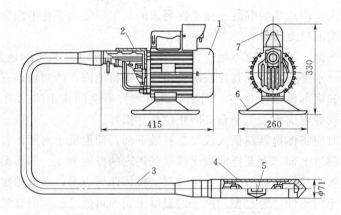

图 4-2　偏心软轴插入式振捣器

1—电动机；2—加速齿轮箱；3—传动软轴；4—振动棒外套；
5—偏心块；6—底板；7—手柄及开关

行星滚轴式软轴插入式振捣器（图 4-3）是电机通过软轴带动滚锥转动时，滚锥除了本身自转以外，还绕着滚道作公转。滚道与滚锥的直径越接近，公转次数就越高，会使振捣器的频率显著提高。滚锥套住滚道旋转的称为内滚式，滚锥在滚道内旋转的称为外滚式。

电动软轴行星式振捣器为目前使用较多的 ZX 系列，其特点是在不提高软轴转速的情况下，利用振动子的行星运动来获得较高的振动频率。它由可更换的振动棒、软轴、防逆装置及电机等组成。电机安装在 360°时，可回转的回转支座上，机壳上部装有电机开关和握手，在浇筑现场可单人携带，并可搁置在浇筑部位附近，手持软轴进行振捣。

外部式振动器。混凝土楼板、地坪、路面、盖板等结构或干硬性混凝土须在外部振动，外部式振动器主要由电机振动子与振板组合而成。常见的外部振捣器有以下几种：①附着式振动器（图 4-4）是固定在模板外侧，不与混凝土接触，振动力通过模板传给混凝土。适用于振动棒难以插入或钢筋密集的薄壁结构。但要求模板要有足够的强度；②矩形平板式振动器（图 4-5）是在附着式振动器底座上用螺栓紧固一块木板或钢板改装而成。在电动机转子轴的两个悬臂端用平键各连接一个

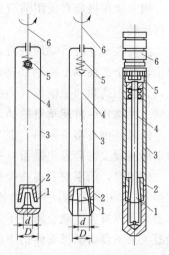

图 4-3 行星滚锥软轴插入式振捣器
1—滚锥；2—滚道；3—振捣棒外壳；
4—滚锥轴；5 挠性连轴节；
6—驱动软轴

偏心块，电动机转子轴带动偏心块旋转时所产生的激振力，依次通过轴承、轴承座盖、机壳传递给振板，迫使振板振动；③槽形平板式振动器（图 4-6）其振动电机与激振机均与矩形平板式振动器相同，只是振板为钢制槽形，便于边振捣边拖行，更适合于大面积浇筑振捣；④条式振动器（图 4-7）的电机振子与平板式振动器相同，只是安装一条行工字梁，这种振动器主要捣固路面，渠坡等的混凝土。

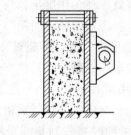

图 4-4 附着式振动器

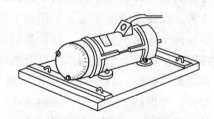

图 4-5 矩形平板式振动器

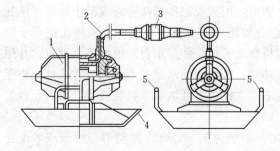

图 4-6 槽形平板式振动器
1—电动机；2—电缆；3—电源插座；4—槽形板；5—拖手

图 4-7 条式振动器

插入式振捣器在使用前应先检查电动机、电路、开关及各连接部的接头，合格后方可试行运转。

振捣在平仓之后立即进行，此时混凝土流动性好，振捣容易，捣实质量好。振捣器的选用，对于素混凝土或钢筋稀疏的部位，宜用大直径的振捣棒；坍落度小的干硬性混凝土，宜选用高频和振幅较大的振捣器。振捣作业路线保持一致，并按顺序依次进行，以防漏浆。振捣棒尽可能垂直地插入混凝土中。如振捣棒较长或把手位置较高，垂直插入如操作不便时，也可略带倾斜，但与水平面夹角不宜小于 45°，每次倾斜方向应保持一致，否则下部混凝土将会发生漏振。这时作用轴线应平行，如不平行也会出现漏振点。

使用时，前手应紧握在振捣棒上端约 50cm 处，以控制插点，后手扶正软轴，前后手相距 40～50cm 左右，使振捣棒自然沉入混凝土内。振捣棒应快插、慢拔。插入过慢，上部混凝土先捣实，就会阻止下部混凝土中的空气和多余的水分向上逸出；拔得过快，周围混凝土来不及填铺振捣棒留下的孔洞，将在每一层混凝土的上半部留下只有砂浆而无骨料的砂浆柱，影响混凝土的强度。为使上下层混凝土振捣密实均匀，可将振捣棒上下抽动，抽动幅度为 5～10cm。振捣棒的插入深度，在振捣第一层混凝土时，振捣器头部不碰到基岩或老混凝土面，其间距不超过 5cm 左右，使上下两层结合良好。在斜坡上浇筑混凝土时，振捣棒仍应垂直插入，并且应先振低处，再振高处，否则在振捣低处的混凝土时，已捣实的高处混凝土会自行向下流动，致使密实性受到破坏。

振捣棒在每一孔位的振捣时间，以混凝土不再显著下沉、水分和气泡不再逸出，并开始泛浆为准。振捣时间与混凝土坍落度、石子类型及最大粒径、振捣器的性能等因素有关，一般为 20～30s。振捣时间过长，不但降低工效，使砂浆上浮过多，石子集中下部，混凝土产生离析，严重时，整个浇筑层呈"千层饼"的状态。

振捣棒中心到振动影响范围边缘的距离称为振捣有效半径。作用半径约为振捣器有效半径的 8～10 倍。混凝土坍落度越大，作用半径越大。振捣器的插入间距，当插点呈行列式排列时，不宜大于作用半径的 1.5 倍；当插点为交错形排列时，不超过 1.75 倍。在模板边、预埋件周围，布置有钢筋的部位以及两罐（或两车）混凝土卸料的交界处，以适当减少插入间距以加强振捣，但不宜小于振捣棒有效作用半径的 1/2，并注意不能触及钢筋、模板及埋件。为提高工效，振捣棒插入孔位尽可能呈交错形分布，交错形分布较行列式分布工效可提高 30%。此外，振捣器之间的混凝土可同时接收到相邻振捣器传来的振动，振捣时间因此可缩短，振捣作用半径也即加大。

由于各种原因，出现砂浆窝时应将砂浆铲出，用脚或振捣棒从旁将混凝土压送至该处填补，不可移其他处石子（重新出现砂浆窝）。如出现石子窝，按同样方法将松散石子铲出填补。振捣中发现泌水现象时，应经常保持仓面平整，使泌水自动流向集水地点，并用人工掏除。泌水未引走或掏除前，不得继续铺料、振捣。集水地点不能固定在一处，应逐层变换掏水位值，以防弱点集中在一处。也不得在模板上开洞引水自流或将泌水表层砂浆排出仓外。

附着式振动器的设置，应通过试验确定，一般为 1～1.5m。振动器与模板应紧密连接，振动作用深度约为 25cm 左右，若构件较厚，则在构件两侧安装振动器同时振捣。

平板式振动器使用前必须按保养规定进行检查，并试运转，认为可靠良好之后方可使用。试运转时不能将振动器放在坚硬的地面上振捣，以防损坏机械。

使用平板式振动器时，应将其放在混凝土表面上，由一人或两人推着慢慢移动，移动的方向应顺着电动机的转动方向。移动间距，应能保证振动的平板覆盖已振实的部分的边缘。对于大面积的混凝土应分段振动，相邻两段之间搭接振捣 5cm 左右，以防漏振。对于过厚的混凝土，应分层振动，每层混凝土厚度不能超过 20cm。遇单层钢筋时，混凝土的厚度不宜超过 25cm；遇双层钢筋时，不宜超过 15cm。

3. 振动台

振动台，适用于预制混凝土构件，预制构件放在台面上振动，如图 4-8 所示。

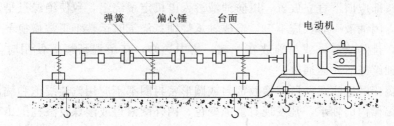

图 4-8　振动台

振动台在使用前，先将装好的钢筋和混凝土的钢模固定在台面上，并尽可能将模板放在振动台中央，这样可使各部分振捣均匀。当构件厚度大于 20cm 时，宜将混凝土分层装入，若每层厚度不大于 20cm 时，也可随振随加料。

振动台的振动时间要根据构件的形状和大小及振动能力而定，一般情况下，当混凝土表面呈水平时，并出现均匀的水泥浆和不再冒气泡时，表明混凝土已捣实，可以停止振动。

采用振动台振动密实干硬性混凝土和轻骨料混凝土时，宜采用加压振动的方法，加压荷重为 100~300MPa。

4. 振捣混凝土的安全要求

插入式振捣器的电缆线应注意保护不要被混凝土压住。万一压住时，不要硬拉，可用振捣棒振动其附近的混凝土，使其液化，然后将电缆线慢慢拔出。

软轴式振捣器的软轴不应弯曲过大，弯曲半径一般不宜小于 50cm，也不能多于两弯。

电动机联偏心式振捣器因内装电动机，较易发热，主要依靠壳周围混凝土进行冷却，不要让它在空气中连续空载运转。

软轴振捣棒插入深度为棒长的 3/4，过深软轴和振捣棒结合处容易损坏。工作时，一旦发现有软轴保护套橡胶开裂、电缆线表皮损伤、振捣棒声响不正常或频率下降等现象时，应立即停机或送检拆修。

平板式振动器在往返移动振动器时，要注意电缆线勿被模板、钢筋露头等挂住，以防止拉断或造成触电事故。工作时，要经常检查电动机脚座、机壳和振板是否完好，连接是否牢固。如有裂纹或松动现象，应立即停机进行修理或重新紧固。电机外壳要设法尽量不沾或少沾泥浆，以利散热。

5. 振捣器的维护与保养

混凝土振捣器工作环境恶劣，各种零件受到的振动负荷较大，要注意振捣器的经常性维护保养，以延长其使用寿命，保证混凝土浇筑质量及防止人身机械事故的发生。

振捣器在使用前，特别是长期闲置未用的振捣器在启动前，首先应检查电动机的绝缘是否良好。如绝缘电阻低于 0.5MΩ，应进行干燥处理。有条件时，可用红外线、干燥炉等进行烘烤，但烘烤温度不能高于 100℃；也可采用短路电流法，即将转子振动，在定子线圈内通入电压为额定值 10%～15% 的电流，使其线圈发热，慢慢干燥，然后检查电动机、振捣棒、软轴和电缆线的外表及连接部位有无破损或受潮霉变。

插入式振捣器的日常维护保养内容包括：电动机、软轴、振捣棒应在班后洗刷干净，经常处于良好状态，清理后的振捣器应放置在干燥处保管。采用润滑油润滑电动直联偏心式振捣棒，头部应向下直立放置，以防油液渗入电机定子绕组，致使绝缘过早老化；或在下次使用时，因油液一时供应不上，造成轴承烧蚀；浇筑时运转不正常撤换下来的振捣器要及时检查，排除故障，或单独放在一起，集中送修；在负温环境下使用时，应缓慢加温，带润滑油解冻后才能通电。

拆卸振捣棒时应注意：所有橡胶油封或圆形密封圈都不应用汽油浸泡和洗涤，以防老化失效；振捣棒内的轴承，凡发现有烧蚀变色、内外圈滚道或滚珠及滚柱上出现斑点或剥落、保持架上有裂纹时，应一律更换，换上的轴承型号和径向、轴向游隙及保持架材质等都应与原配轴承相符，不能轻率地用内、外径尺寸相同的其他轴承代用。行星式振捣棒内的轴承以下部分，应保持绝对清洁无油，特别是转轴滚锥和圆锥形滚道表面更不应有任何油污，否则会使滚锥打滑而不起振。

平板式振动器使用前应检查电动机端盖螺栓以及机壳与振板的连接螺栓是否松动。

长期闲置未用、技术状况不明的振动器还应打开电机端盖，检查偏心块的轴端固定螺栓是否紧固，并用手拨动电机转子轴，以判断两端轴承是否缺油，轴承径向游隙是否过大。检查完毕，应按铭牌要求通过电源进行试振，试振时应将振动器放置在松软的地面上，不可放置在干硬的水泥地面上作长时间的试运转，以免损坏振板及振动器。

平板式振动器的日常维护内容与前述插入式振捣器相同。平板式振动器的技术保养一般分为二级进行。

一级保护在工作 100h 后进行这时应彻底清洗振动器外表，检查各部分完好情况，紧固各处的连接螺栓并给电动机的轴承补加一次润滑油（夏季用 2 号钙基油，冬季用 1 号钙基油）。

二级保护在工作 300h 后进行。这时将除振板以外的机械零部件全部解体，逐一进行清洗和检查，同时测试电机的绝缘电阻。如发现电机轴承内外圈滚道有剥落的斑点，保持架开裂或径向游径已大于 0.12mm 时，应更换轴承。偏心块和电机转子轴的连接平键和键槽的配合如已松动，要另配新键并整修键槽。带弹簧缓冲装置的平板式振动器，还要拆检缓冲弹簧。发现弹簧断裂或各弹簧的自由高度高低不一，弹簧座、调整螺母和螺栓柱严重磨损，橡胶垫破损或老化变形时，都应予更换。

第二节　整体结构混凝土施工

一、大体积混凝土施工

大体积混凝土是指最小边长大于 1m 的混凝土坝体或基础。大体积基础混凝土应该连续浇筑，一般不留施工缝；坝体混凝土由于体积较大，一般需设置施工缝和和变形缝。为了防止大体积混凝土产生由于水泥水化热引起的温差裂缝，因而在施工中必须抓好每一道工序和每一个环节。

1. 浇筑方案

大体积基础混凝土浇筑方案应根据整体性要求、体积大小、钢筋疏密程度，混凝土供应情况等而定，通常可分为两种类型：

（1）全面分层。将整个浇筑层分为数层，一般从边长较短的一端开始，沿长度方向将工程全面浇筑第一层浇筑完毕后浇筑第二层，第二层要在第一层混凝土初凝之前全部浇筑振捣完毕。如此逐层进行，直至全部基础浇筑完毕。也可从中间向两端或从两端向中间同时进行浇筑。分层厚度宜为 0.6～1.0m。这种方案适用于一般平面尺寸不大的工程。

（2）分段分层。每个作业组负责一层。第一组将第一层浇注至一定距离后第二组开始浇筑第二层；第二层浇筑至一定距离后第三组开始浇筑第三层，依次进行。可减少收缩和温度应力，有利于控制裂缝。这种方案适用于厚度较大、长度较长或大截面的条形基础。

2. 浇筑层厚度

混凝土浇筑层厚度，应根据拌和能力、运输距离、浇筑速度、气温及振捣器的性能等因素确定。一般情况下，浇筑层的允许最大厚度，不应超过表 4-1 规定的数值。

3. 混凝土浇筑

混凝土浇筑时，除了用吊车等起重机械直接往基础模板内下料外，一般应采用串筒，混凝土从汽车、翻斗车卸下后经过分布在各个部位的串筒再送到各浇筑层的位置上。在每个串筒卸料点，成堆的混凝土应用插入式振捣器迅速摊平，插入的速度应小于混凝土的流动速度，否则就变成振捣。如采用一台振动器摊平时，应将振动器自混凝土的下部一次一次的插向上部。如果一次立即插入混凝土的顶部，则会因一个振动器的振动力太小，只能使混凝土顶部平坦，还可能使砂浆集中到中间，形成混凝土堆中的砂浆窝，从而影响混凝土的质量。

混凝土浇筑应保持连续性，如必须间歇，其间歇时间应尽量缩短，并应在前层混凝土初凝之前，将次层混凝土浇筑完毕。浇筑混凝土的允许间歇时间（自出料时算起到覆盖上层混凝土时为止）可通过试验确定，或参照表 4-3 的规定。

表 4-3	混凝土浇筑中最大间歇时间		单位：min
混凝土强度等级	气　温		
	≤25℃	>25℃	
≤C30	210	180	
>C30	180	150	

4. 混凝土振捣

混凝土应采用机械振捣。振捣棒的操作要做到"快插慢拔"在振捣过程中，宜将振动棒上下略有抽动，以使上下振动均匀。分层浇筑时，振动棒应插入下层 50mm，一消除两层间的接缝。同时振捣上层混凝土时，要在下层混凝土初凝之前进行。每点振动时间一般以 10～30s 为宜，还应视混凝土表面呈水平不再显著下降、不再出现气泡、表面泛出灰浆为宜。

5. 混凝土养护

为了确保大体积混凝土的质量，严格控制内外温差，养护是一项十分关键的工作。大体积混凝土的养护方法，分为保温法和保湿法两种。

保温法是在混凝土成型后，使用保温材料覆盖养护，减少混凝土表面的热扩散，防止产生表面裂缝；同时延长散热时间，充分发挥混凝土的潜力和材料的松弛特性，使混凝土的平均总温差所产生的拉应力小于混凝土的抗拉强度，防止产生贯穿裂缝。

保湿法是在混凝土浇筑成型后，用洒水、喷水、蓄水养护，使刚浇筑不久的混凝土在适宜的潮湿条件下凝结硬化，防止混凝土表面脱水而产生干缩裂缝；同时可使水泥的水化作用顺利进行，提高混凝土的抗拉强度。

为了确保新浇筑混凝土有适宜的硬化条件，防止在早期由于干缩而产生裂缝，大体积混凝土浇筑完毕后，应在 12h 内加以覆盖和浇水。普通硅酸盐水泥拌制的混凝土养护时间不得小于 14d；矿渣水泥、火山灰质水泥等拌制的混凝土养护时间不得小于 21d。

二、埋石混凝土施工

在厚大无筋或稀疏配筋的混凝土块体中，为了节约混凝土用量，可在混凝土中掺用不超过混凝土体积 25% 的块石，但应遵守以下规定：应选用无裂缝、无夹层和未煅烧过的石块，其抗压强度不应小于 30MPa，条形片状的石块和卵石不宜使用，填充前应用水冲洗干净。石块粒径应大于 15cm，但最大不宜超过 30cm。填入石块应大面向下，分布均匀，间距应能使插入式振捣器在其中进行捣实为宜，一般不小于 10cm。石块离模板应不小于 15cm，亦不得与钢筋接触。填充第一层石块前，应先灌筑厚 10～15cm 的混凝土，最上层石块的表面上必须有不小于 10cm 的混凝土覆盖层。如混凝土分成单独区浇捣时，在已浇捣完毕区段的水平接缝上，石块应埋入一半，露出一半，以保证区段之间有较好的连接。

三、现浇框架结构混凝土的施工

钢筋混凝土框架是多层和高层建筑的主要结构形式。框架结构施工有现场直接浇筑、预制装配、部分预制、部分现浇等几种形式。现浇框架施工是将柱、墙、梁、板等构件在现场按设计位置浇筑成一整体。

浇筑层段划分以每一使用层的柱、墙、梁、板等为一个结构层，先浇筑柱、墙，后浇筑梁、板；以结构平面的伸缩缝或沉陷缝为分段标准；同一层段应连续浇筑，不宜停歇。

1. 混凝土柱的浇筑

浇筑混凝土前，从柱模底的洞口中清除模内的垃圾及积水，并润湿模板，在基础面上层铺一层厚 5～10cm 与混凝土内砂浆成分相同的水泥砂浆。然后再分层振捣。

凡柱截面在 40cm×40cm 以内或有交叉箍筋的混凝土柱，均应在柱模侧面开口装上斜溜槽分段浇筑，每段高度不得大于 2m。如箍筋妨碍溜槽安装时，可将箍筋一端解开提起，待混凝土浇至窗口的下口时，卸下斜溜槽，将箍筋重新绑扎好，用模板封口，柱箍箍紧，继续浇上段混凝土。采用斜溜槽下料时，可将其轻轻晃动，加快下料速度。

当柱高不超过 3.5m，截面大于 40cm×40cm 且无交叉钢筋时，混凝土可由柱模顶直接浇入。当柱高超过 3.5m 时，必须分段灌注混凝土，每段高度不得超过 3.5m。

当柱截面尺寸狭小而又高时，浇筑至一定高度后，应适当减少混凝土配合比的用水量。

柱子分段浇筑时，必须按表 4-4 的规定分层浇筑混凝土。

表 4-4　　　　　　　　　　柱子混凝土浇筑层厚度　　　　　　　　　单位：mm

捣实混凝土的方法		浇筑层的厚度
插入式振捣		振捣器作用部分长度的 1.25 倍
表面振动		200
人工捣固	在无筋混凝土或配筋的稀疏结构中	250
	在梁墙板柱结构中	200
	在配筋密列的结构中	150
轻骨料混凝土	插入式振捣	300
	平面振捣（振动时需加荷）	200

混凝土的振捣一般需 3～4 人协同操作。2 人负责下料，1 人负责振捣，另 1 人负责开关振捣器。

混凝土振捣尽量使用插入式振捣器。当振捣器的软轴比较柱长 0.5～1.0m 时，待下料至分层厚度后，将振捣器从柱顶伸入混凝土内进行振捣。当用振捣器振捣比较高的柱子时，则应从柱模侧预留的洞口插入，待振捣器找到振捣位置时，再合闸振捣。

振捣时以混凝土不再塌陷，从柱模顶往下看时，混凝土表面泛浆，有亮光和观察柱模外侧模板拼缝均匀微露砂浆为好。也可用木槌轻击侧模判定，如声音沉实，则表明混凝土已振实。

2. 混凝土墙的浇筑

浇筑顺序应先边角后中部，先外墙后隔墙，以保证外部墙体的垂直度。高度在 3m 以内的外墙和隔墙，混凝土可以从墙顶向模板内卸料，卸料时须在墙顶安装料斗缓冲，以防混凝土发生离析；高度大于 3m 的任何截面墙体，均应每隔 2m 开洞，装斜溜槽进料。

墙体上有门窗洞口时，应从两侧同时对称进料，以防将门窗洞口模板挤偏。墙体混凝土浇筑前，应先铺 5～10cm 与混凝土内成分相同的接缝水泥砂浆。

对于截面尺寸较大的墙体，可用插入式振捣器振捣，其方法同柱的振捣。对于一般或钢筋密集的混凝土墙，宜采用在模板外侧悬挂附着式振捣器，其振捣深度约为 25cm 左右。

遇到门窗洞口时应在两边同时对称振捣，不得用振捣棒棒头敲击预留孔、预埋件等。

当顶板与墙体整体浇筑时，楼顶板端头部分的混凝土应单独浇筑，保证墙体的整体性。

3. 梁、板混凝土的浇筑

浇捣混凝土之前，应抄平及湿润模板、安放好钢筋，架设运料马道等。

肋形楼板混凝土的浇筑应顺次梁方向，主次梁同时浇筑。在保证主梁浇筑的前提下，将施工缝留设在次梁跨中 1/3 的范围内。梁、板混凝土宜同时浇筑。当梁高大于 1m 时，可先浇筑主次梁，后浇筑板如图 4-9（a）所示。凡截面高度大于 0.4m，小于 1m 的梁，应先分层浇筑梁混凝土，待梁混凝土和楼板底面平齐时，梁、板混凝土同时浇筑如图 4-

9（b）所示。操作时先将梁的混凝土分层浇筑成阶梯形，并向前赶。当起始点的混凝土到达板底位置时，与板的混凝土一起浇筑，随着阶梯的不断延长，板的浇筑也不断向前推移。

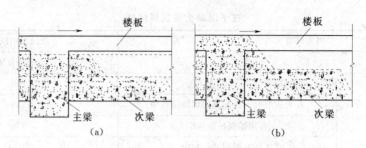

图 4-9 梁、板的分层浇筑
(a) 主梁高大于 1m 的梁；(b) 主梁高小于 1m，高于 0.4m 的梁

采用小车或料斗运料时，宜将混凝土先卸在拌盘上，再用铁锹往梁内浇筑混凝土。一般采用"带浆法"下料，铁锹背靠着的侧模板往下倒，在梁的同一位置上，侧板两边下料应均衡。浇筑楼板时，可采用"赶浆法"，并用铁锹下料，锹背朝浇筑前进方向，混凝土下在被往前赶的浆上，这样可以使大量的混凝土浆总是跑在前头。楼板混凝土的虚铺高度可高于楼板设计厚度的 2～3cm。可采用标志工具以控制楼板的厚度。

混凝土梁应采用插入式振捣器振捣，从梁的一段开始，先在起头的一小段内浇一层与混凝土成分相同的水泥砂浆，再分层浇筑混凝土。浇筑时两人配合，采用"赶浆捣固法"，一人在前面用插入式振捣器振捣混凝土，使砂浆先流到前面和底部，让砂浆包裹石子；另一人在后面用捣钎靠着侧板及底部往回钩石子，以免石子挡住砂浆往前流。待浇筑至一定距离后，再回头浇筑第二层，直至浇捣到梁的另一端。

浇筑梁柱或主次梁结合的部位时，由于梁上部的钢筋较密集，普通振捣器无法直接插入振捣，此时可用振捣棒从钢筋空档插入振捣，或将振捣棒弯起钢筋斜段间隙中斜向插入振捣。

楼板混凝土的振捣宜采用平板式振捣器。当混凝土虚铺有一定的工作面后，用平板振捣器来回振捣。振捣方向应与浇筑方向垂直。若楼板的厚度在 10cm 以下时，振捣一遍即可密实。但通常为使混凝土楼板面更为平整，可将平板振捣器再快速拖拉一遍，拖拉方向与第一遍的振捣方向垂直。板面经振捣完毕后，紧接着用长木刮刀刮平。

4. 施工中应注意的质量问题

（1）振捣不实。柱、墙底部未铺 5～10cm 厚的砂浆，卸料时底部混凝土发生离析，石子集中于柱、墙底而无法振捣出浆来，造成底部"烂根"。混凝土灌筑高度超过规定要求，易使混凝土发生离析，柱、墙底石子集中而缺少砂浆。振捣时间过长，使混凝土内石子下沉集中。分层浇筑时一次投料过多，振捣器不能伸入底部，形成蜂窝。楼地面表面不平整，柱、墙模板安装时与楼地面裂隙过大，造成混凝土严重漏浆。

（2）柱边角严重露石。模板边角拼装缝隙过大，严重跑浆造成边角露石。因此，模板配置时，边角处宜采用阶梯缝搭缝。如果用直缝，模板缝隙应密实。防止局部漏浆造成边角处呈蜂窝状露石。

（3）柱、墙、梁、板结合部梁底出现裂缝。混凝土柱浇筑完毕后未经沉实而继续浇筑混凝土梁。按照规定，浇筑与柱和墙连成整体的梁和板时，应在柱（墙）浇筑完毕后停歇1~1.5h，使其获得初步沉实，再继续浇筑。

（4）拆模后，楼板底出现露筋。保护层垫块位置或垫块铺垫间距过大，甚至漏垫，钢筋紧贴模板，造成露筋。浇筑过程中，操作人员踩踏钢筋，使钢筋变形，拆模后出现露筋。模板缝隙较大、漏浆严重或下料时部分混凝土石多浆少造成露筋。因此，下料时混凝土料应搭配均匀，避免局部石多浆少。模板的缝隙应填塞，防止漏浆。

四、水电站厂房下部结构混凝土的施工

水电站厂房施工中，为了便于机电设备安装，某些部位的混凝土浇筑是留待机组部件安装后进行的，称为二期混凝土。先浇的部分则称为一期混凝土。

1. 厂房下部结构混凝土的浇筑方案

（1）满堂脚手架方案。满堂脚手架方案是在基坑中布满脚手架，用手推车、机动翻斗车、溜槽或溜筒等浇筑混凝土。适用于缺乏机械设备的小型工程。当有利地形可以利用时，把混凝土拌和站设在较高的地方，只用简单的排架配合溜槽或溜筒浇筑混凝土。

（2）活动桥方案。当厂房宽度较小、机组较多时，可采用如图4-10所示的活动桥浇筑混凝土。此时在尾水管的上下游架立排架，其上铺设轨道，活动桥可在轨道上行驶。活动桥和满堂脚手架方案一样，只能浇筑基坑内的混凝土，对于厂房上部结构和一些吊装作业还需要起重机来完成。

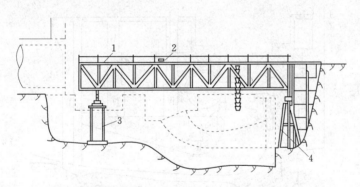

图4-10 用活动桥浇筑厂房混凝土
1—活动桥；2—移动混凝土的小车；3—上游排架；4—下游排架

（3）门座式起重机、塔式起重机方案。门座式起重机、塔式起重机为大型厂房混凝土施工常用的施工机械。施工初期，门座式起重机、塔式起重机或履带式起重机都布置在厂房上、下游，沿厂房轴线方向移动，一般不设栈桥。后期，视需要将门座式起重机、塔式起重机迁至尾水平台或厂坝间等部位（图4-11）。混凝土水平运输一般采用"机车立罐"或"汽车卧罐"。

此外，对于厂房下部位置较低处和电站进水渠（管）、尾水渠等板（管）状结构，常采用履带式起重机配汽车、卧罐施工；对于某些起重机械难以达到的部位，可采用胶带式输送机和混凝土泵等方法输送混凝土；有的工程在施工手段未形成前，基础填塘等项目也采用自卸汽车直接入仓方法浇筑混凝土。

2. 混凝土分层分块浇筑

水电站厂房下部结构尺寸大、孔洞多、受力条件复杂，必须分层分块进行浇筑。合理的分层分块是削减温度应力、防止或减少混凝土裂缝、保证混凝土施工质量和结构整体性的重要措施。分层分块原则是：根据结构特点、形状及应力情况进行分层分块，避免在应力集中、结构薄弱部位分缝；采用错缝分块时，必须采取措施防止垂直施工缝裂开后向上向下继续延伸；分层厚度应根据结构特点和温度控制

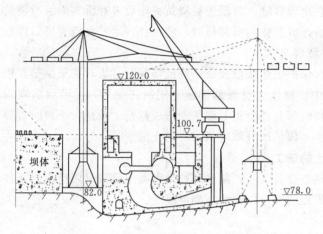

图 4-11　门座式起重机、塔式起重
机施工布置（单位：m）

要求来确定，基础约束区一般为 1～2m，约束区以上可适当加厚；墩墙侧面可散热，分层也可厚些；应根据混凝土的浇筑能力和温度控制要求确定分块面积的大小，块体的长宽比不宜过大，一般以小于 2.5：1 为宜；分层分块均应考虑施工方便，如在钢蜗壳下 1m 左右要分层，便于钢蜗壳安装。又如弯管底板的分缝，要考虑弯管模板的安装。

厂房下部结构分层分块可采用通仓、错缝、预留宽槽、封闭块和灌浆缝等形式(图 4-12)。

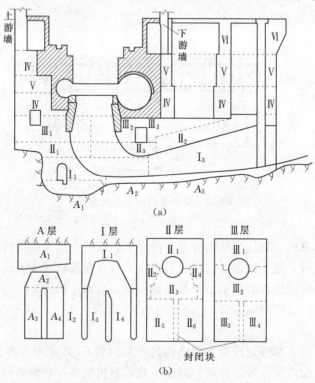

图 4-12　厂房下部结构分层分块图
(a) 机组中心剖面图；(b) A 层及 I 层、II 层、III 层平面图

（1）通仓浇筑法。通仓浇筑法施工可加快进度，有利于结构的整体性。当厂房尺寸小，又可安排在低温季节浇筑时，采用分层通仓浇筑最为有利。对于中型厂房，其顺水流方向的尺寸在 25m 以下，低温季节虽不能浇筑完毕，但有一定的控温手段时，也可采用这种形式。

（2）错缝浇筑法。大型水电站厂房下部结构的尺寸较大，多采用错缝浇筑法（图 4-13）。错缝搭接范围内的水平施工缝允许有一定的变形，解除或减少两端的约束而减少块体的温度应力。

（3）预留宽槽浇筑法。对大型厂房，为加快施工进度，减少施工干扰，可在某些部位设置宽槽。槽的宽度一般为 1m 左右。由于设置宽槽，可减少约束区高度，同时增加散热面，温度应力较小。

对于预留宽槽（或封闭块），回填应在低温季节施工，届时其周边老混凝土要求冷却到设计要求温度。回填混凝土应选用收缩性较小的原材料和混凝土配合比。

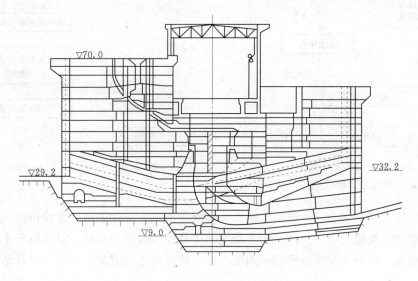

图 4-13　水电站厂房分层、错缝示意图

3. 厂房一期混凝土施工工序

主厂房一期混凝土施工工序见图 4-14。

4. 厂房二期混凝土的施工

为便于机电埋件的安装和加快土建施工，通常把埋件周围的混凝土划分为两期施工。有时甚至三期，后期浇筑的混凝土称为二期混凝土。

划分一期、二期混凝土时，要注意二期混凝土所占空间便于埋件或设备的安装。二期混凝土不要留得太薄，要保证它的整体性和与一期混凝土结合的可靠性。

二期混凝土的施工特点是：一是要求与机电埋件安装密切配合，施工面狭小，互相干扰大；二是有些特殊部位，如混凝土蜗壳内圈的导水叶、钢蜗壳与座环相连的阴角处、基础螺栓孔等部位回填的混凝土，承受荷载大，质量要求高，但这些部位仓面小、钢筋密、进料条件差、振捣困难；三是钢蜗壳上部有弹性垫层，对在该垫层上部的模板、钢筋施工带来一定困难。

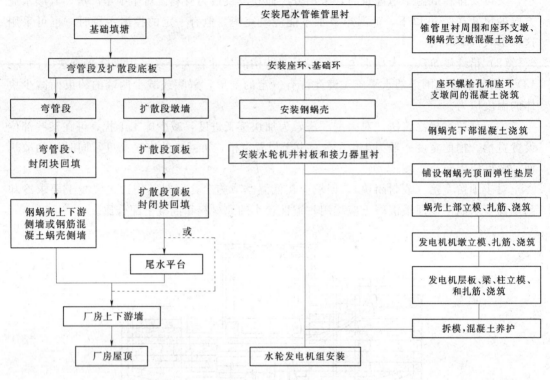

图 4-14　主厂房一期混凝土
一般施工工序

图 4-15　钢锅壳机组土建施工与机电安装一般程序

浇筑二期混凝土之前，应将结合面的老混凝土凿毛、冲洗干净，并保持湿润。浇筑深槽或其他跌落高度较大的结构的二期混凝土，应挂溜筒或振动溜筒，以免混凝土分离和骨料破碎。宽槽、封闭块及预留洞的二期混凝土，应在周边老混凝土冷却到设计要求的温度时进行施工。

因二期混凝土多在狭窄部位或钢筋、埋件较密的部位进行浇筑，通常采用坍落度较大的混凝土，并用小型振捣机械或手工插钎的方法捣实，以保证钢筋和金属埋件不产生位移，模板不走样。对回填性质的二期混凝土还应采取收缩性小的原材料和配合比。

（1）二期混凝土施工程序和进度。二期混凝土等土建施工和机电安装通常交叉或平行作业，一般施工程序如图 4-15、图 4-16 所示。

（2）二期混凝土运输方式和入仓方式。厂房未封顶时机组二期混凝土浇筑与一期混凝土相同，已封顶的机组可采用以下方式：

1）厂房屋顶预留进料孔或由临近未封顶的机组进料。混凝土料罐不能直接入仓的部位，用料斗和滑槽转运入仓。

2）机车或汽车将混凝土运至厂用桥吊下，用桥吊转运入仓。

3）胶带输送机通过厂房上下游门窗或吊物孔运进混凝土，再用胶带分料机或手推车入仓。

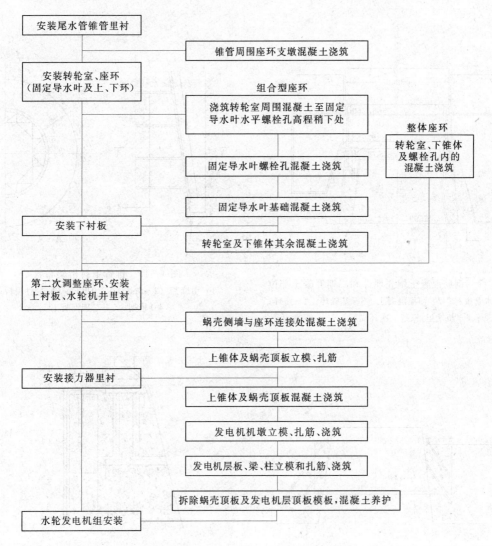

图 4-16　钢筋混凝土蜗壳机组土建施工与机电安装一般程序

4）混凝土泵直接入仓。

5）混凝土搅拌车供料，再用其他形式入仓。

考虑混凝土运输和入仓方案时，应尽量避免混凝土过多的转运和通过已经运行或正在安装的机组上空。

（3）主要部位二期混凝土浇筑：

1）锥管里衬二期混凝土。该部位用锥管里衬作为模板（图 4-17），为防止里衬变形，可在里衬内侧布置桁架加强（图 4-18）或增设拉杆、支撑加固（图 4-19）。

锥管里衬底部与一期混凝土之间留有 20cm 左右空间需立模板，应采用韧性材料作模板，使衬下口与弯管段混凝土上口衔接平整。

为防止里衬二期混凝土产生不规则裂缝，在二期混凝土内设径向引缝片。当里衬分层浇筑，引缝片应错开布置。

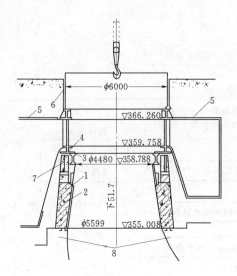

图 4-17　钢筋混凝土蜗壳埋件和二期混凝土部位

1—尾水管里衬；2—回填混凝土；3—基础环；4—座环；
5—蜗壳；6—机坑里衬；7—座环支墩；8—一期混凝土

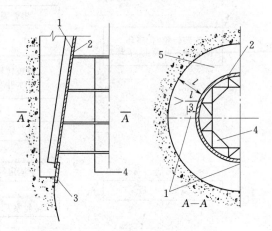

图 4-18　锥管里衬桁架布置

1—引缝片（2～3mm）；2—里衬；3—韧性模板；
4—桁架；5—二期混凝土

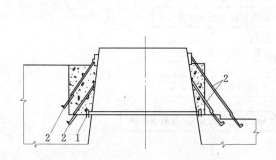

图 4-19　尾水管锥管里衬安装

1—安装埋件；2—加固埋件

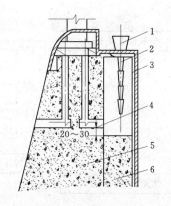

图 4-20　水电站转轮室进料布置（单位：cm）

1—进料斗；2—溜筒；3—基础环；4—固定导水叶水平
螺栓孔；5—一期混凝土；6—二期混凝土

　　2）转轮室二期混凝土（钢筋混凝土蜗壳）。一般应考虑设径向引缝片，且上下浇筑层的引缝片应适当错开布置。

　　浇筑层高度一般不超过 3m。若固定导水叶地脚螺栓的水平孔通至仓内，分层面应低于水平螺栓孔下 20～30cm，以利水平螺栓施工（图 4-20）。混凝土通过钢衬顶部预留孔下料入仓。浇筑过程中应随时观测转轮室环体的水平和垂直位移，若位移超出允许范围，应停止浇筑并采取补救措施。

　　3）座环二期混凝土（混凝土蜗壳）。座环承受机组大部分垂直荷载，座环下部的二期混凝土必须确保质量，特别是座环的底环与混凝土的结合要严密。

　　对于整体型座环（固定导水叶与顶环、底环铸成一体），常通过底环上进料孔进料，也可通过座环外侧面模板上开口进料（图4-21）。

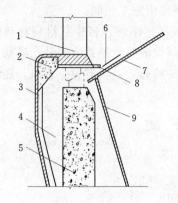 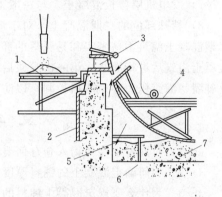

图4-21 水电站整体座环与转轮室侧面进料
1—座环；2—阴角处混凝土；3—转轮室；
4—二期混凝土；5—支墩；6—进料口；
7—挡板；8—预埋灌浆管；9—横板

图4-22 水电站蜗壳阴角浇筑布置
1—转料平台；2—锥管；3—座环；4—操作
平台；5—操作跳板；6——期混凝土；
7—二期混凝土

4）钢蜗壳二期混凝土。钢蜗壳二期混凝土一般分两层施工。从蜗壳大断面处向小断面处渐进浇筑。

钢蜗壳与座环相连的阴角处是浇筑较困难的部位。可预先在座环上和钢蜗壳上开孔进料（图4-22）。

5）钢筋混凝土蜗壳二期混凝土。由于蜗壳顶板内圈支承在座环的顶环上，只有待座环安装完毕后才能浇筑蜗壳顶板。对蜗壳下锥体部位可采用（图4-23）的分缝方法，同时需注意预留空间的直径须大于椎管里衬的外径，还需满足座环或固定导水叶的安装要求。

蜗壳顶板的底模，必须牢固可靠，联系简单便于装拆，为使环座不因浇筑而变形，底模应单独构成其承重体系，不能支承在座环上，并预先留出模板沉降的下沉量。

混凝土蜗壳顶板的防裂、防渗和防止浇筑时座环变形是较突出的问题。由于蜗壳顶板面积大、形状特殊、厚薄不匀，容易产生裂缝，应做好分层分块和温度控制设计。止水系统的施工质量应高度重视。蜗壳顶板浇筑时，应安装仪表监视座环变形情况。一般采用对称浇筑，均匀下料，薄层上升。直径较大的组合型座环的顶环整体性差，可先浇筑上椎体混凝土，达到一定强度后再浇筑上层的混凝土。

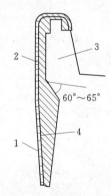

图4-23 下锥体与锥管里
衬二期混凝土预留空隙面
1—锥管里衬；2—转轮室；
3—下锥体；4—二期混凝土

6）发电机机墩二期混凝土。机墩为圆环形结构，模板采用一次或两次架立，还需考虑模板的整体稳定；定子地脚螺栓孔模板应便于拆除与清渣；通风槽等底面积较大的模板，要考虑浇筑时的上浮力。

由于钢筋和埋件较多，钢筋网宜增加焊固点，且埋件露出面应牢固地固定在模板上。

混凝土经溜筒和滑槽入仓，采用薄层浇筑，避免用台阶法浇筑。

7) 发电机层楼板混凝土。与一般工业厂房现浇楼板施工相同。

8) 特殊部位的二期混凝土。对于钢蜗壳、基础环、座环、转轮室衬板和基础钢板等二期混凝土浇筑不易密实和易脱落的部位，宜预先埋设灌浆管路系统或钻孔灌浆系统，在混凝土浇筑后进行灌浆。第一次灌浆后，再用敲击法检查，若仍有脱空现象，还要布置钻孔补灌。灌浆压力必须严格控制，以防埋件变形。

复习思考题

4-1　对混凝土拌和物入仓有何要求？

4-2　如何确定混凝土的铺料厚度？

4-3　为什么要规定混凝土铺料的允许间隔时间？

4-4　常用的混凝土铺料方式有哪几种？

4-5　混凝土拌和物入仓后应如何进行平仓？

4-6　如何使用插入式振捣器振捣混凝土？

4-7　大体积基础混凝土应如何浇筑、振捣与养护？

4-8　混凝土梁、板是如何浇筑与振捣的？

4-9　在水电站厂房混凝土施工中，应如何划分一期、二期混凝土？

4-10　水电站厂房主要部位二期混凝土是如何浇筑的？

第五章 水工混凝土养护与缺陷修补

第一节 水工混凝土养护

混凝土浇捣密实成型后，逐渐凝结硬化，具有一定的强度和耐久性，这个过程主要是由水泥的水化作用来实现的。水泥的水化作用快慢与混凝土的环境温度、湿度有关。混凝土养护的目的是提供适当的温度、湿度条件，使水泥充分水化，加速混凝土凝结硬化。养护不良的混凝土，水分过早蒸发或冻结，水化作用停止，早期强度增长受到影响，其外表干缩开裂，内部组织疏松，表层起砂、脱皮，耐久性也随之降低，甚至引起严重的质量事故。因此，在水工混凝土工程施工中，必须按照施工规范要求，认真做好水工混凝土的养护工作。

水工混凝土养护是混凝土生产中周期相当长的工艺过程，养护时间与当地气候条件、水泥品种、掺和料、外加剂、混凝土性能以及建筑物结构形式和部位有关。一般养护从混凝土浇筑完毕 6～18h 开始。对于低塑性混凝土在浇筑完毕后宜立刻喷雾养护。硅酸盐水泥和普通硅酸盐水泥养护期为 14d，矿渣硅酸盐水泥、火山灰质硅酸盐水泥等其他水泥养护期为 21d。水工大体积混凝土存在着表面散热以及容易产生干缩裂缝等现象，保持混凝土表面散热和后期强度增长，无论采用何种水泥，养护时间均不宜少于 28d。对于重要部位，宜适当延长养护时间。夏季和冬季施工的混凝土以及有温度控制要求的混凝土养护时间，按设计要求进行。

为提高混凝土的养护质量，对混凝土表面养护的要求有：

（1）混凝土浇筑完毕后，养护前宜避免太阳曝晒。

（2）塑性混凝土应在浇筑完毕 6～18h 内开始洒水养护，低塑性混凝土宜在浇筑完毕后立即喷雾养护，并及早开始洒水养护。

（3）混凝土应连续养护，养护期内始终使混凝土表面保持湿润。

（4）混凝土养护应有专人负责，并应做好养护记录。

混凝土浇筑完毕后常用的养护方法有浇水养护、喷膜养护、铺膜养护、蓄热养护、蒸汽养护、电热养护、太阳能养护等。

一、浇水养护

浇水养护是指在自然气温高于 5℃ 的条件下，用草帘、麻袋、苇席、锯末等对混凝土进行覆盖并适当浇水使其保持湿润。对于大面积的混凝土如地坪、楼面、马路等还可以用湿土、湿砂覆盖，或用砂、土筑小埂灌水等方法进行养护。养护所需的水要求与拌制混凝土用水相同。此方法的优点是节约能源、投资少、设施简单，养护的混凝土质量好；缺点是养护周期长，生产效率低。

当气温在 15℃左右时，在浇筑后最初 3d，白天每隔 2h 浇水 1 次，夜间至少浇水 2 次。在以后的养护期内，每昼夜至少浇水 4 次。如遇到空气干燥时，浇水次数可适当增加。在外界气温低于 5℃时，不许浇水，要采取保暖措施，应按冬季施工方法进行养护。混凝土必须养护至其强度达到 C12 以上，才允许在上面行人和架设支架、安装模板，但不得冲击混凝土。

二、喷膜养护

喷膜养护是将塑料溶液用喷枪喷洒在已收水的混凝土表面上，溶剂挥发后在混凝土表面形成一层塑料薄膜，使混凝土表面与空气隔绝，可以阻止混凝土中水分的蒸发，保证混凝土水化凝结作用的正常进行。这种养护方法适用于不易洒水养护的高耸构筑物和大面积的线长混凝土工程（箱型渠道、路面、机场跑道、渡槽）及缺水地区。混凝土养护剂养护具有以下优点：施工操作简便，现场清洁，交叉作业干扰小；有效降低混凝土养护成本和劳动强度，节约费用 50% 以上；养护后的混凝土构筑物表面水泥色泽加深，观感良好；便于检查与控制养护质量，从而有效提高养护质量的保证率；对难以用洒水及覆盖方法养护及在干旱缺水地域的混凝土结构具有节约工程用水的效果。

常用混凝土养护剂有过氯乙烯树脂、LP-37、聚醋酸乙烯、JD、CSFL-8 型等。

混凝土养护剂工艺非常简单，一次涂刷能满足整个混凝土养护期的使用。作业方法可根据建筑外形状况及施工情况选用喷涂或涂刷方法。

喷涂作业法采用农用喷雾器或油漆喷枪作为喷涂工具。使用前先用清水试喷，雾化正常后喷涂养护剂，喷枪距混凝土面 30～50cm，并略有倾斜，调解压力以 0.4～0.6MPa 为宜，以免破坏混凝土表面。为保证喷出均匀的雾状，喷涂运动速度也要均匀，一般从左到右、从上到下相互结合，防止漏喷，如出现不均匀现象，可在第一遍成膜后 5～10min 内喷涂第二遍，以保证在混凝土表面形成封闭的养护膜。喷涂作业完成后，即用清水洗净喷雾器，防喷孔堵塞，影响下次使用。

刷涂作业法采用油漆刷或涂料专用滚直接涂刷成膜，一般先水平涂刷第一遍，涂刷一定范围 5～10min 后再以垂直方向回涂第二遍，务必使涂层均匀成膜，自上而下逐渐扩大范围，边角或毛糙的部位要细致刷到，一定使混凝土构筑物表面全封闭。

喷刷作业时应注意在混凝土表面没有浮水或泌水已蒸发，用手指按压混凝土无痕迹时即可喷刷养护剂。使用模板的部位拆模后立即实施喷刷养护作业，喷刷过早会腐蚀混凝土表面，拖延过迟则混凝土水分蒸发，影响养护效果。

喷刷混凝土养护剂用量指标：1kg 养护剂喷涂面积应控制在 4～6m^2；涂刷面积可控制在 5m^2；天气炎热或刮大风时，养护剂用量可酌情增加。作业过程中应及时把握材料用量与质量。

喷刷混凝土养护剂时要防止雨水及沙尘入侵，同时还要注意避免机械性碰撞或在其上行车及拖拉重物，发现损伤应及时补刷。

三、铺膜养护

铺膜养护是综合湿润养护、喷膜养护、太阳能养护而成的一种简易有效的养护方法。适用于各种现浇或预制混凝土工程。其装置较简单（图 5-1）。

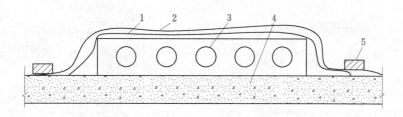

图 5-1 铺膜养护示意图

1—黑色薄膜；2—透明薄膜；3—构件；4—台座；5—重物压边

四、蓄热养护

蓄热法保温材料应选择导热性能低、密封性能好、不易吸潮、价格低、质量轻、来源广，便于施工和能多次利用的材料。常用的保温材料有草制品、各种泡沫塑料、玻璃纤维、油毡和毛细纤维制品等。新型保温材料在水利工程中也得到广泛应用，例如聚苯乙烯、发泡聚氨酯等。蓄热法是一种简单而经济的方式，应优先使用，尤其对大体积混凝土更为有效。

（1）一般蓄热法。在混凝土的外表面用适当的材料保温，使混凝土缓慢冷却，在受冻前达到所要求的混凝土强度，热源主要靠自身的水泥水化热供给。

（2）综合蓄热法。对原材料进行加热，使混凝土在搅拌、运输和浇筑后，还储备相当热量，综合蓄热法是在一般蓄热法的基础上利用高效能的保温材料，在养护期间用保温材料加以覆盖，并充分利用水泥水化热和掺入相应的外加剂等综合措施，保证混凝土在凝结硬化过程中强度不断增长，使混凝土温度在降至冰点前达到允许的受冻临界强度或承载荷载的强度。

温和地区和寒冷地区采用蓄热法施工，保温模板应严密，尤其在孔洞和接头处保温层应搭接牢靠。有孔洞和迎风面的部位，应增设挡风保温设施。混凝土浇筑完毕后应立即覆盖保温。

五、蒸汽养护

蒸汽养护是将成型的混凝土构件放置在有饱和蒸汽或蒸汽与空气混合物的养护室（或窑、坑）内，在较高温度和湿度的环境中进行养护，以加速混凝土的硬化，使之在较短的时间内达到规定的强度（图 5-2）。蒸汽养护可缩短养护时间，模板周转率相应提高，占用场地大大减少。蒸汽养护主要用于预制构件，也可用于保温设施具备的现浇结构。

蒸汽养护法必须使用低压饱和蒸汽，水泥用量不宜超过 350kg/m^3，水灰比宜为 0.4 ~ 0.6，坍落度不宜大于 50mm。采用蒸汽法养护的混凝土，应优先选用火山灰或矿渣水泥，其加热温度不宜超过 80℃；对普通硅酸盐水泥的混凝土，其加热温度不宜超过 70℃。

蒸汽养护效果与蒸汽养护制度有关，它包括养护前静置时间、升温和降温速度、养护温度、恒温养护时间、相对湿度等。蒸汽养护的过程可分为静停、升温、恒温、降温 4 个阶段。

（1）静停阶段混凝土构件成型后在室温下停放养护叫做静停。时间为 2 ~ 6h，以防止构件表面产生裂缝和疏松现象。

（2）升温阶段是原始温度升到恒温的时间，即构件的吸热阶段。升温速度不宜过快，

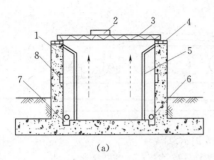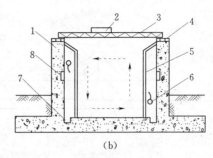

图 5-2　蒸汽养护坑

（a）普通蒸汽养护坑；（b）热介质循环蒸汽养护坑

1—坑壁；2—观察及降温口；3—盖板；4—水封槽；5—护壁槽钢及梯；

6—蒸汽管；7—水沟；8—测温装置

每小时不得超过 40℃，以免构件表面和内部产生过大温差而出现裂纹。

（3）恒温阶段是升温后温度保持不变的时间。此时混凝土强度增长最快，这个阶段应保持 90%～100% 的相对湿度；最高温度不得大于 95℃，时间为 5～8h。

（4）降温阶段是由恒温降至原始温度的时间，即构件散热过程。降温速度不宜过快，每小时不得超过 10℃。一般情况下，构件厚度在 100mm 左右时，降温速度为 20～30℃/h。当室外为负温时，出池的构件表面与外界温差不宜大于 20℃；当室外为常温时，相差不宜大于 40℃。

六、电热养护

用钢筋或薄铁片作为电极，插入混凝土内部或贴附于混凝土表面，利用新浇混凝土的导电性和电阻大的特点，通电直接对混凝土加热，使其尽快达到抗冻强度。此法必须有充足的电源，所以一般在采用其他加热方式不能保证混凝土在受冻前或规定期限内达到强度要求的情况下使用。

使用电热法有如下要求：必须使用交流电，电压一般在 50～110V 范围内；宜采用低流态混凝土，坍落度控制在 2～4cm；开始加热时，混凝土温度不得低于 3℃；混凝土外露表面要用保温材料覆盖后才能加热；在加热过程中，混凝土应洒温水，使其保持湿润状态；在加热过程中应加强测温工作，每一构件测温孔不少于 3 个；温度控制可采用调节电压或周期切断电流的办法。

七、太阳能养护

太阳能养护是在混凝土构件浇筑完后，加盖集热装置，直接吸收太阳的辐射能量，或通过导热介质将热量传递到养护混凝土表面并传向其内部，通过加热并蓄热，使混凝土温度升高，达到加速硬化的目的。集热装置的作用，不仅是吸收太阳能，进行光热转换，而且将构件封闭起来，防止混凝土中水分大量蒸发。因此，在集热装置所覆盖的空间，具有较高的湿度，自然形成了某种程度的湿热养护条件。目前，混凝土砌块太阳能养护的方式主要有以下几种形式。

1. 太阳能养护池

太阳能养护池一般建于地上，用砖砌成池状，上面罩以单层或双层玻璃（或透明塑料薄膜）窗，玻璃窗要做成一定的坡度，以增加日照面积和便于散水。池壁和地底均设蛭石保温层并用掺有黑烟的水泥砂浆抹面。在池壁和池顶交接处设有泡沫塑料压条，以加强玻璃罩与池壁之间的密封。这种太阳能养护池在夏季池内最高温度可达 80℃，相对湿度可保持在 70%～80%。夜间池外温度为 20℃，池内混凝土制品温度仍保持在 40℃ 以上。这种养护方式的养护周期一般为 2～3d。冬季，太阳能养护池内亦可加蒸汽排管或串片等辅助加热措施。

2. 太阳能养护罩

太阳能养护罩是在混凝土构件上方加透明罩，使罩内保持一定的温度和湿度。优质透光材料和合理的罩型，应能使太阳辐射能量最大限度地穿透到罩内，并能较长久地保留罩内的热量。太阳光谱中的可见光和红外线含有大量辐射热能。可见光中能量分布在中午前后以黄绿光为高，早晚以橙红光为高。选用透光材料，其光学性能应以能够最大限度地透过可见光和红外线为先决条件。目前，所用透光材料主要是玻璃、聚氯乙烯塑料薄膜、透明聚酯玻璃钢。太阳能养护罩可以充分利用太阳能的辐射能，即使是在阴天，因太阳能散射辐射的作用，也可使罩内温度高于自然气温。如 8 月份的阴天，罩内温度最高可达 57℃。制品在太阳能养护罩内养护时，表面还盖上黑色塑料布，以起到保温和增加吸收辐射能的作用。这种养护方法养护周期，夏季 1～2d，春、秋季 2～3d，冬季 3～6d。太阳能养护周期一般为自然养护周期的 1/3。

3. 太阳能养护棚

这种养护设施利用太阳的辐射能并附加一些简易的暖气设备，可在严寒的冬季用来养护混凝土。太阳能养护棚可采用钢骨架和木骨架，每个骨架上部搁置钢或竹、木桁条，骨架四周和顶上铺单层透明塑料膜（事先可用电烙铁把单幅的塑料薄膜烫粘起来），在铺好的薄膜上沿顺向钉木压条，以利排水。整个结构要保证大雪时不被压塌。在大棚的两端用 240mm 砖墙封山，并设置推拉门，以便利用人力车运输制品。在大棚内还设置散热片，以备在严寒天气和夜晚气温降低时，补充热源。

太阳能养护混凝土构件有以下优点：

（1）太阳能养护混凝土，升温速度比较缓慢，湿度较大，一般每小时升温不超过 10℃，所以构件的养护质量较好，表面坚硬，干净，无起鼓现象。混凝土的早期强度可以迅速提高，后期强度也可以正常发展。

（2）太阳能养护混凝土，不耗能源，若以年产量 4000～5000m³ 的制品计算，与蒸汽养护相比，一年煤可节省 400～1000t。

（3）太阳能养护混凝土，与自然养护相比可缩短养护周期 1/3～2/3，加快了场地使用周转期。

（4）混凝土在养护过程中，不需要浇水盖草帘，节约了养护用水，降低了劳动强度，改善了场地面貌。

第二节　水工混凝土施工质量缺陷及修补

水工混凝土施工过程中，往往由于施工方法不当或施工强度大等方面原因，造成了混凝土结构构件产生麻面、蜂窝、孔洞、露筋、夹层和裂缝等不同程度的质量缺陷，这些缺陷将会影响到构件结构安全和正常使用寿命。所以，当混凝土拆模后，如检查发现有缺陷，应及时分析原因，采取适当措施加以修补。

一、混凝土质量缺陷和产生原因

水工混凝土施工中常见缺陷主要包括如下几点。

1. 麻面

麻面是混凝土表面局部缺浆粗糙或有无数小凹点、气泡现象。其主要原因是：模板表面粗糙不光滑，有硬水泥浆垢未清除干净；模板没有刷"脱模剂"或涂抹不均；模板接缝不严密而轻微漏浆；模板湿润不够；振捣不充分，气泡未排出；振捣后没有很好养护。

2. 蜂窝

蜂窝就是混凝土结构中局部疏松，骨料集中而无砂浆，骨料间形成蜂窝状的孔洞。其主要原因是：混凝土拌和不均，骨料与砂浆分离；卸料高度偏大，料堆周边骨料集中而少砂浆，未做好平仓；模板受损，严重漏浆；振捣不密实，未达到泛浆的程度；混凝土配合比不准确，浆少而石子多；钢筋较密；施工缝接茬处理不当。

3. 露筋

露筋是构件内主筋未被混凝土包裹而外露或混凝土表面有钢筋露出。其主要原因是：钢筋的垫块移位或漏放，使钢筋紧贴模板；振捣棒等设备损坏了钢筋；混凝土保护层处振捣不实或漏振。

4. 孔洞

孔洞是混凝土结构中存在空隙，局部或大部没有混凝土，孔穴深度和长度均超过保护层厚度，但不超过截面尺寸 1/3 的缺陷。其主要原因是：振捣不充分或漏振而使混凝土架空，特别是在仓面的边角和拉模筋、架立筋较多的部位容易发生；混凝土中有泥块等杂物掺入；砂浆严重分离，石子成堆。

5. 裂缝

裂缝是混凝土的表面或局部出现细小的开裂现象。裂缝分为干缩裂缝、温度（冷缩）裂缝和外力作用下产生的裂缝。其主要原因是：混凝土温控措施不力；混凝土养护不当，表面水分蒸发过快；有外力作用于混凝土结构，如所浇混凝土过早承荷或受到爆破振动，混凝土结构基础不均匀沉陷等情况。

6. 夹层

夹层是混凝土内混夹有杂物且深度超过保护层厚度，直接影响到混凝土的结构强度，危害较大。其主要原因是：混凝土内有杂物而造成夹层。

7. 强度不足

混凝土强度不足是指混凝土强度低于设计强度，主要的原因是混凝土配合比设计、搅拌、现场浇捣和养护等 4 个方面不符合规范要求形成的。

（1）配合比设计方面有时不能及时测定水泥的实际活性，影响了混凝土配合比设计的正确性；另外，套用混凝土配合比时选用不当及外加剂用量控制不准等，都有可能导致混凝土强度不足。

（2）搅拌方面任意增加用水量，称料不准，搅拌时颠倒加料顺序及搅拌时间过短等造成搅拌不均匀，导致混凝土强度降低。

（3）现场浇捣方面主要是骨料分离，或浇筑方法不当，或振捣不足以及模板严重漏浆。

（4）养护方面主要是不按规定的方法、温度、时间对混凝土进行妥善的养护，以致造成混凝土强度降低。

二、混凝土缺陷的修补

1．表面抹浆修补

对于数量不多的麻面、小蜂窝、露筋、露石的混凝土表面，主要是保护钢筋不受侵蚀，可用1：2水泥砂浆抹面修补。在抹砂浆前，先用钢丝刷或高压水清除浮渣和松动砂石，然后用清水洗净湿润即可抹浆，初凝后用草帘或草席进行覆盖保湿养护。

对于结构承载能力无影响的细小裂缝，可将裂缝处刷净，用水泥浆抹平。如果裂缝较深而且较宽，应将裂缝处凿毛，或沿裂缝方向凿成深为15～20mm、宽为100～200mm的V形凹槽。扫净并用水湿润，先刷水泥净浆一层，然后用1：2或1：2.5水泥砂浆分层涂抹2～3层，总厚度控制在10～20mm，压实抹光。对有防水要求时，应用水泥净浆和1：2.5水泥砂浆交替抹压4～5层，涂抹3～4h后，即用草帘或草席进行覆盖保湿养护。

对于夹层较小，缝隙不大，可先将杂物清出，按裂缝处理方法处理。

2．细石混凝土填补

当混凝土蜂窝严重或露筋较深时，首先剔去不密实的混凝土及突出的和松动的骨料颗粒并用净水冲洗干净，然后用比原强度高一级的细石混凝土填补并仔细振捣密实。

对于孔洞，应先剔凿松散混凝土及突出的和松动的石子，孔洞顶面凿成斜面，直边用圆弧连接（图5-3），保持72h后，然后在混凝土表面采用处理施工缝方法处理。架设模板处理时（图5-4），浇筑细石混凝土强度等级比原混凝土强度高一级。混凝土水灰比控制在0.5以内，并掺水泥用量万分之一的铝粉，人工分层捣实，并加强养护，防止新旧混凝土接触面上出现裂缝。浇筑时，外部应比修补部位稍高，修补部位达到构件设计强度时，将外面凿平。当孔洞较隐蔽时可用压力灌浆法进行修补。

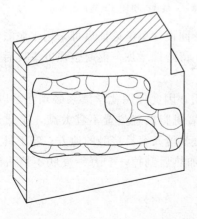

图5-3　混凝土孔洞的凿除示意图

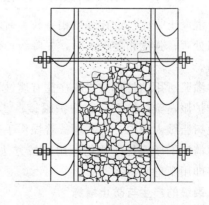

图5-4　模板修补示意图

对于夹层较大，应先做好必要的支撑，清除各种荷载，安装好模板，将该部位混凝土及夹层凿除，视其性质，按孔洞类或深裂缝方法处理。

3. 水泥灌浆或化学灌浆

对于给排水构筑物有抗渗、防水性能要求或者影响结构承载力的裂缝，为恢复结构的整体性和抗渗性，根据裂缝的宽度、性质和施工条件等，应采用适当的方法予以修补。

一般裂缝宽度大于 0.5mm 的裂缝，可采用水泥灌浆法；宽度小于 0.5mm 的裂缝，宜采用化学灌浆法。化学灌浆法的选用应根据裂缝性质、宽度和干燥情况而定，具体处理方法是：①微细裂缝（宽度小于 0.5mm），用注射器将环氧树脂溶液黏结剂或甲凝溶液黏结剂注入裂缝内。注射时宜在干燥、有阳光的气象条件下进行。裂缝部位应干燥，可用喷灯或电风筒吹干，在缝内湿气逸出后进行。注射时，从裂缝的下端开始，针头应插缝内，缓慢注入，使缝内空气向上逸出，黏结剂在缝内向上填充。②浅裂缝（深度小于 10mm），顺裂缝走向用小凿刀将裂缝外部扩凿成 V 形，宽约 5～6mm，深度等于原裂缝。用毛刷将 V 形槽内颗粒及粉尘清除，用喷灯或电吹风筒吹干。用刮刀或小抹刀将环氧树脂胶泥压填在 V 形槽上，反复搓动，务使紧密黏结。缝面按需要做成与构件面平齐，或稍为突出成弧形。③深裂缝，顺裂缝走向用凿刀将裂缝外部扩凿成 V 形或 U 形，深约 5～10mm。用毛刷将槽内颗粒及粉尘清除，用喷灯或电风筒吹干。先用注射器将环氧树脂溶液黏结剂或甲凝溶液黏结剂注入深缝内，填补深裂缝。在开凿的槽坑里，用刮刀或小抹刀将环氧树脂胶泥压填在槽上，反复搓动，务使紧密黏结。如需防水，可在裂缝面上作一层或三层环氧树脂玻璃布防水层（图 5-5）。

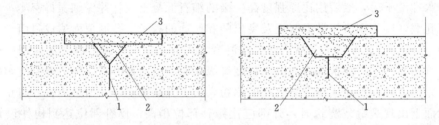

图 5-5　深裂缝的修补
1—环氧树脂黏结剂；2—环氧胶泥；3——层或三层环氧树脂玻璃布

对于混凝土强度与设计强度相差较大时，会同设计单位论证后可采用水泥灌浆或化学灌浆补强处理；强度相差不大时，先降级使用，待龄期增加，混凝土强度发展后，再按原标准使用。

化学灌浆所用的材料对皮肤往往有腐蚀作用，因此使用化学灌浆必须注意以下方面：①要穿防护服，戴防护手套和防护眼镜；②环氧树脂放置位置不宜太高，应低于眼睛高度，以免树脂溅入眼内；③不准戴着操作手套碰其他人容易接触的地方；④工具设备用过后要立即清洗干净，若已硬化可用机械方法或加热后刮掉；⑤万一皮肤不慎沾到环氧树脂，应立即用肥皂水清洗。

三、裂缝的产生与防止措施

大体积混凝土浇筑后的水泥在水化过程中会产生一定的水化热，由于混凝土的体积较大，内部聚积的热量不易散发，致使内部温度显著提高，常常高于混凝土外部的大气温度，这样形成较大的内外温差。当混凝土表面冷却硬化而形成温度隔离层时，混凝土内部的温度不宜向外传播，迫使这种温度在混凝土内部转化成温度应力。当混凝土内部逐渐散热产生收缩时，由于受到表层硬化混凝土、老混凝土、基底的约束，接触面将产生很大的拉应力，当拉应力超过混凝土的抗拉强度时，与约束接触处会产生裂缝，甚至贯穿整个混凝土块体。为了防止大体积混凝土产生裂缝，往往采取以下措施：

(1) 采用低水化热的水泥，在保证混凝土强度等级的前提下，适当减少水泥用量。

(2) 掺入适量的混合材料及缓凝剂。

(3) 冲洗砂石，减少因砂石不洁净而造成的混凝土收缩。

(4) 在混凝土中埋入毛石。

(5) 适当配置一些温度钢筋。

(6) 在保持混凝土不出现施工缝的前提下，适当减缓浇筑速度。

(7) 适当减少浇筑层厚度，必要时，可征得设计单位同意，分块浇筑。

(8) 对混凝土材料采取降温措施（用冰水搅拌、对砂石洒水降温等）。

(9) 在混凝土内埋入冷却水管，用循环水降温。

(10) 混凝土浇筑后，及时覆盖以控制内外温差和减缓降温速度。

第三节　水工混凝土养护与缺陷修补工程实例

一、甘肃景电二期调水工程养护实例

水工混凝土养护是混凝土生产中周期相当长的工艺过程，养护时间视当地气候条件及水泥品种而定，一般养护从混凝土浇筑完毕 $6\sim18h$ 后开始，并持续 $14\sim28d$。多采用洒水进行自然养护，还有喷涂薄膜养护和塑膜包裹养护方法，使混凝土表面保持湿润，从而实现养护目的。

1. 工程概况

甘肃景电二期调水工程位于腾格里沙漠南缘，风沙天多，风速大，空气干燥，气候炎热，没有湿润感，工程环境恶劣，渠道全长 99.04km。渠线中有 85km 钢筋混凝土箱型渠穿越沙漠地段，还有渡槽、泄水建筑物等 52 座，混凝土量 21.63 万 m^3，混凝土表面积 80.14 万 m^2，养护任务相当大，预算养护用水 6.4 万 m^3。这些水工建筑物的共同特点是壁薄，外形坡面与直立面多，表面积大，水分极易蒸发，施工水源远，运输困难，水价昂贵（$10\sim15$ 元/m^3），成型混凝土构筑物养护是本工程的难题。

2. 施工方案的选定

为了检验不同养护方法适应范围及实际效果，甘肃景电二期调水工程中进行了现场实践对比。最初按惯例采用自然养护法，考虑工程环境炎热、气候干燥，混凝土脱模后便开始养护工作。草帘遮盖加洒水养护与无遮盖洒水养护同时进行，养护时间 $21\sim28d$，浇水次数根据气候情况和覆盖物的保湿能力决定，以保证混凝土有足够的湿润。检测数据表明，遮盖加洒水养护的混凝土比无遮盖洒水养护的强度增长更快，28d 强度平均值前者高于设计值 10% 以上；后者在设计值左右变动，仔细观察可见后者混凝土表面有不规则的干缩裂纹和起砂现象。此后又采用塑料膜覆盖养护方法，试图以不透水汽的塑料膜来保持混凝土中的水，满足混凝土强度增长的需求，但实际中由于风大不易固定，覆盖过程中存在塑料膜破损和接缝不严密的问题，养护效果检验认为，这种方法存在较多的具体问题，不能满足混凝土强度均匀增长的要求，保证率低，为了改进混凝土养护方法，先后引进美国、中国石家庄生产的混凝土养护剂，现场测定强度值基本接近试验室标准养护效果。但使用美国生产的养护剂价格较高（51元/kg）。为了能够广泛推广应用，降低成本，现场技术人员借鉴相关信息资料，反复试验，优选了一种较为理想的配方，自己生产 JD 混凝土养护剂，价格降低了 90％多（5 元/kg）。与美国以及国内同类产品工程应用、试验类比，经有关部门及专家鉴定，认为 JD 混凝土养护剂各项物理指标和相应的性能均达到同类产品的标准。工程实践与跟踪检验结果表明，采用 JD 混凝土养护剂养护，不仅成功地解决了沙漠及水源不便带来混凝土养护难的问题，而且普遍适宜水利工程混凝土养护，养护质量控制方便、技术可靠、操作简便、节省劳力、经济合理，消除了自然养护和塑料膜覆盖养护方法难以管理、不能保证养护效果的缺陷，保证了混凝土早期强度的增长以及各部位强度的均匀性，满足了混凝土养护质量要求和技术要求。

3. 经济效益

甘肃省景电二期调水工程混凝土全面采用 JD 混凝土养护剂养护，共使用养护剂 133t，喷涂面积 80 多万 m^2，比洒水养护节约资金 89.08 万元，甘肃省疏勒河大型水利工程和宁夏回族自治区扬黄扶贫"1236"工程中现浇混凝土构筑物养护也广泛应用 JD 混凝土养护剂，没有发生一次因混凝土养护造成的问题，效果很好。

4. 施工工艺

JD 混凝土养护剂施工工艺非常简单，可根据施工实际情况选用喷涂或涂刷方法，将养护剂均匀地涂刷于混凝土表面。

综合上述，针对不同的施工环境、工程规模、工期长短、工程类型和工程部位等应选择适宜的养护方法，才能确保工程质量。

二、松月水库碾压混凝土大坝裂缝修补实例

水工混凝土缺陷修补是一项复杂而细致的工作。在混凝土缺陷处理之前，首先要进行详细的调查，分析混凝土产生缺陷的原因，制定处理方案。同时，要有一支专业施工队伍，施工前要做出合理的施工组织设计，施工中要有熟练的施工技术人员进行操作。在施工过程中，有时还要根据工程具体情况对施工工艺做必要的修改，以保证施工方案的实施。

1. 工程概况

松月水库位于吉林省和龙市的海兰河上游，坝型为碾压混凝土重力坝，上游侧高程534.2m 以下为厚 3m C20 常态混凝土防渗体，高程 534.2m 以上为厚 2m C20 常态混凝土防渗体，坝下游侧砌筑 C20 混凝土预制块，常态混凝土和混凝土预制块中间为 C10 碾压混凝土。大坝混凝土开始浇筑时间为 1997 年，1999 年 10 月完成一期工程。

松月水库 1998～2000 年初发现坝体上游侧 6 条不正常的垂直裂缝（图 5-6）。裂缝最宽处位于坝顶，缝宽为 8mm，垂直缝最长达到坝基，大部分裂缝上下游贯穿。为了保证大坝正常运行，需要对这些裂缝进行处理。

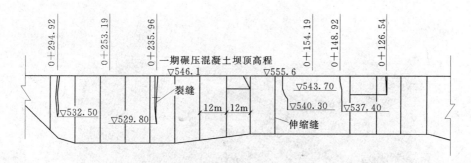

图 5-6　大坝上游垂直面裂缝位置

2. 施工方案的选定

通过分析认为，这些裂缝的产生主要是施工过程中温度控制措施不当及设计伸缩缝间距过大造成的。由于出现裂缝的部位蓄水后将长期位于水下，且这些裂缝上下游贯穿，具有变形缝的特性，因此，要求处理后的裂缝既要止水可靠，又能适应温度变形或基础不均匀变形。经室内试验论证和参考以往修补工程的经验，选定了（图 5-7）施工方案。修补方案的特点是采用了多层防水措施。主要采用了复合 GB 胶板的三元乙丙盖板、聚硫密封膏、环氧砂浆和化学灌浆材料。GB 胶板具有很好的气密性、较好的粘接强度、较强的自黏结性和变形性。GB 胶板可以不用黏结

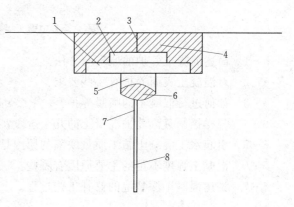

图 5-7　施工方案设计图

1—GB 盖板；2—三元乙丙；3—切缝；4—环氧砂浆；5—聚硫密封膏；6—聚合物水泥砂浆；7—裂缝；8—化学灌浆

剂，在一定条件下与新浇混凝土直接粘接，又可以借助粘接剂与老混凝土牢固地粘接在一起，用于第一道止水。选用的聚硫密封膏是防水材料，它具有良好的抗老化性和优良的耐水性、弹性、黏结性，压缩恢复性，可在连续伸缩、振动及温度变化条件下保持良好的物理性能，用于第二道止水。化学灌浆材料采用聚氨酯浆材，这种材料具有不溶于水，遇水发泡膨胀，未遇水部分发生化学反应，黏度逐渐增大，最后固化成密实、高强、具有一定韧弹性的固结体，用于第三道止水。环氧砂浆具有较高的抗压、抗拉强度，较高的黏结强度和抗冲刷能力，用于裂缝表面的保护。

3. 坝面裂缝处理施工工艺

沿裂缝凿槽，底部用聚合物水泥砂浆做成凸型，嵌填聚硫橡胶，作为第一道防水。铺设 GB 复合三元乙丙板，作为第二道防水。在常态混凝土裂缝两侧打斜孔穿过缝面，进行灌浆造孔，并对裂缝进行化学灌浆，作为第三道防水。灌浆材料采用聚氨酯类柔性材料，灌浆压力应控制在 0.2~0.5MPa 之间，并根据吸浆量，适当调整其浓度及压力。表面用环氧砂浆封堵防护，中部切缝，防止裂缝变形。施工处理见图 5-8。

图 5-8　松月水库大坝上游面结构缝处理

复 习 思 考 题

5-1　简述混凝土养护的原理与方法。

5-2　对混凝土表面养护有哪些要求？

5-3　如何进行混凝土的喷膜养护？

5-4　怎样控制蒸汽养护混凝土的几个阶段？

5-5　引起水工混凝土施工质量缺陷的原因是什么？应如何处理？

5-6　混凝土强度不足的主要原因有哪些？

5-7　试述混凝土深裂缝的修补工艺过程。

第六章　混凝土特殊季节施工

第一节　混凝土冬季施工

凡工程所在的日平均气温连续 5d 稳定在 5℃ 以下或最低气温连续 5d 稳定在 −3℃ 以下时，即进入冬季施工期。冬季施工期进行混凝土施工，必须编制专项施工组织设计，以保证浇筑的混凝土满足设计要求。

（一）一般原理

混凝土产生强度，是水泥水化作用的结果。当温度升高，水化作用加快，混凝土强度增长加快。当温度降低到零度时，混凝土中的一部分水开始结冰，参与水泥水化作用的水减少，混凝土强度增长相应较慢。温度继续下降，当混凝土中的水完全变成冰时，水泥水化作用基本停止，混凝土强度不再增加。当冰融化后，水化作用恢复，混凝土强度也可继续增长，但最终强度达不到设计要求。试验资料表明：混凝土受冻越早，最终强度降低越大。如在浇筑后 3～6h 受冻，最终强度至少降低 50%；如在浇筑后 2～3d 受冻，最终强度降低只有 15%～20%。如混凝土强度达到设计强度的 50% 以上时再受冻，最终强度则降低较小，甚至不受影响。

如果新浇筑的混凝土在初凝之前遭受冻结，水泥的水化作用刚开始便停止，所以只要解除冻结，重新振捣密实，加强养护，混凝土重新凝结时，强度可继续增长并达到与未受冻的混凝土基本相同的强度。

浇筑的混凝土初凝后受冻，这种早期冻害对混凝土的物理力学性能影响很大，而且冻结温度越低，强度损失越大。当气温降至 0℃ 以下，混凝土内孔隙和毛细管中的水分逐渐冻结，水冻结后体积膨胀，混凝土结构遭到损坏而降低强度和防渗性，另外也会减弱水泥浆与钢筋的黏结力，影响混凝土的抗压强度。

低温季节浇筑混凝土后，其内部由于水化热温升，体积膨胀，如果遇见寒潮，气温骤降，表层降温收缩，内胀外缩，会产生表面裂缝。所以，混凝土表面保温养护十分必要。

（二）混凝土允许受冻临界强度

混凝土在正温养护下获得一定强度后再受冻，混凝土结构不致造成破坏，后期强度能继续增长，最终强度可达 R_{28} 的 95% 以上，这种受冻以前具有的强度，成为允许受冻的临界强度，也就是使混凝土允许受冻而不使其各项性能遭到损害的最低强度。

混凝土早期允许受冻临界强度应满足下列要求：大体积混凝土不应低于 7.0MPa。非大体积混凝土和钢筋混凝土不应低于设计强度的 85%。

（三）冬季混凝土施工

低温季节混凝土拌和与浇筑仓面各部位，一般均应处于正温状态。原材料的储存、加热、输送和混凝土的拌和、运输、浇筑仓面，均应根据气候条件，选择适宜的保温措施。

1. 混凝土原材料

（1）水泥。冬季混凝土施工中，应根据工程建筑物特点、混凝土所处的部位以及不同的养护方法来选择水泥。以蓄热法施工为主的工程应选用水化热高的硅酸盐水泥和普通硅酸盐水泥，混凝土产生的热量高，有助于提高混凝土温度。暖棚法与外加剂法要优先选用水化热高的高强度水泥，而蒸汽法养护的混凝土，要求水化热较低的水泥，如火山灰或矿渣水泥，这样会减轻由于急速湿热高温给混凝土带来后期强度损失；电热法养护的混凝土宜采用 42.5 强度等级以下的水泥，高强度等级水泥的后强度增长率较低，所以高强度水泥不适应急速高温干热养护环境。

（2）水。水质和普通混凝土标准一样，要求使用清洁水。不得使用含有机物及矿物质杂质的水，如必须使用，需做砂浆试件试验，能使强度增长者方可。

在混凝土冬季施工中，可以采用合理调整配合比的方法，使混凝土强度尽快达到要求。寒冷地区坝体外部混凝土，水胶比或水灰比最大允许值为 0.6，水位变化区为 0.5。由于混凝土冬季施工不同于常温施工，采用蓄热法和人工加热法，混凝土的水分会蒸发，因此水胶比或水灰比不能低于 0.4。

（3）骨料。骨料应清洁，不应污染和混入杂质。骨料的含泥量要符合规定，冬季施工中，由于落尘、风沙等将泥土混入骨料中，又不能进行水洗而造成含泥量超标，施工时可以通过干筛的方法除去骨料中的泥土。冬季施工要避免使用有裂纹的骨料，这些骨料容易使混凝土遭冻后强度损失加重。严格控制各级骨料的超、逊径含量。低温季节混凝土施工需用的骨料，必须在进入低温施工期以前筛洗加工完成，堆存备用。骨料堆应尽量覆盖保温，不能保温时要及时清除冰雪。

（4）外加剂。混凝土冬季施工中常采用添外加剂的施工措施，可掺早强剂或早强减水剂，常用有氯化钙、氯化钠、硫酸钠等。其中，氯盐的掺量应按有关规定严格控制，并不适用于钢筋混凝土结构，以免钢筋锈蚀。掺加气剂可提高混凝土的早期抗冻性能，但含气量应限制在 3%～5%。因为，混凝土中含气量每增加 1%，会使强度损失 5%，为弥补加气剂引起的强度损失，最好与减水剂并用。

2. 混凝土拌和

拌和前应用热水或蒸汽冲洗混凝土搅拌机，并将积水或冰水排除，使搅拌机体处于正温状态，拌和时间应比常温季节适当延长（延长时间由试验确定），一般延长 20%～25%，要确保搅拌均匀，不得残留冰块。

提高混凝土的出机温度。混凝土出机温度取决于各种组成材料拌和前的温度，应满足最低浇筑温度与混凝土运输、装卸、浇筑、振捣过程中温度损失之和。首先，考虑用热水拌和（拌和水的温度在原水温的基础上每提高 5℃，可使混凝土出机温度升高 1℃），当热水拌和不能满足要求时，再加热砂石骨料。水泥不能直接加热。水温一般不宜超过 60℃，超过 60℃时，应改变拌和加料顺序，将骨料与水先拌和，然后再加水泥拌和，以免水泥假凝。骨料一般用管道通热水或蒸汽加热，采用蒸汽直接加热最高温度不宜超过 60℃，若采用不加热的骨料，则骨料中不能混有冰雪且表面不能结冰。

3. 混凝土运输

低温季节运输混凝土要尽量减少倒运次数，缩短运输时间。装载混凝土的设备，应加以保温，并有可靠的防风措施。在工作停顿或结束时，必须立即用蒸汽或热水将运输设备及混凝土搅拌机洗净，当恢复运输时应先给运输设备加热。

4. 混凝土浇筑

混凝土浇筑前要认真检查模板的严密程度，模板内不得有冰雪。在岩石基础或老混凝土面上浇筑混凝土前，应检查其温度，如为负温，应将其加热成正温。加热深度不小于10cm 或加热至仓面边角（最冷处）表面正温（大于0℃）为准，并经验证合格方可浇筑混凝土。仓面清理宜采用喷洒温水配合热风枪，寒冷期间亦可采用蒸气枪，不宜采用水枪或风水枪。在软基上浇筑第一层混凝土时，必须防止与地基接触的混凝土遭受冻害和地基受冻变形。

低温季节施工要提高浇筑强度。当预计施工期的日平均气温在0℃以上时，混凝土可在露天浇筑，当预计日平均气温在−5℃以下时，应在暖棚内浇筑。

浇筑前要检查模板、保温层等，一切验收合格，才能浇筑混凝土。

混凝土入仓要注意保温，振捣时速度要快，不得漏浆，保证混凝土表面平整，均匀返浆；用溜槽投放的混凝土，要避免大骨料离析现象，溜筒高度不得超过3m，以防止离析大骨料温度降低而影响混凝土强度；大体积混凝土浇筑层厚不得小于30cm，构件较小的混凝土尽量避免零星浇筑，要采取措施集中浇筑，保证混凝土蓄热所要求的温度。

（四）冬季混凝土拆模与质量控制

冬季混凝土模板的拆除，应满足以下要求：

（1）对非承重模板，混凝土强度必须大于允许受冻临界强度，且拆模和养护应满足温控防裂要求，应保证内外温差小于20℃和2～3d 内混凝土表面降温小于6℃。

（2）对承重模板，应进行计算后确定拆模方法和时间。

（3）避免在夜间和预期气温骤降的时间内拆模。在风沙大的地区拆模后还要注意混凝土表面保湿，可用覆盖塑料布等保护方法。

（4）拆模时间可参考表6−1。

表6−1 混凝土冬季拆模时间

日平均温度（℃）	混凝土浇筑情况		混凝土养护			拆模时间（d）	拆模后表面保温要求
	施工方法	采暖措施	顶面覆盖	通气天数	暖棚天数		
0～−10	蓄热法	露天、热水拌和	铺两层草垫子			5	覆盖两层草垫子
−11～−20	暖棚法	暖气排管控制12m²/片	铺两层草垫子	1	3	7	覆盖两层草垫子
−21～−30	暖棚法	暖气排管控制10m²/片	暖气排管上铺两层草垫子	2	5	7	覆盖两层草垫子

注 本表为一般大坝混凝土斑纹模板在低温季节的拆模时间，对特殊部位的承重模板，要根据实际情况确定。

第二节　混凝土夏季施工

我国长江以南广大地区夏季气温较高，月平均气温超过25℃的有3个月左右，日最高气温有的高达40℃以上。在夏季高温环境下对新拌及刚成型的混凝土会产生较大影响。由于骨料及水的温度过高，在拌制混凝土时，水泥容易出现假凝现象；在运输时，混凝土工作性损失大，捣固困难；混凝土成型后直接曝晒或受干热风影响，造成混凝土表面水分蒸发快，内部水分上升量低于蒸发量，面层急剧干燥，外硬内软，出现塑性裂缝；混凝土成型后白昼温度高，夜间温度低易出现温差裂缝。在混凝土中，水泥水化作用的速度与环境的温度成正比，当温度超过32℃时，水泥的水化作用加剧，混凝土产生的水化热集中，内部温度急剧上升，待混凝土冷却收缩时，混凝土将产生裂缝。前后的温差愈大，裂缝产生的可能性也愈大。因此，对于大体积混凝土施工，夏季降温措施尤为重要。

夏季混凝土施工时的温度控制主要从混凝土的拌制、运输、浇筑、养护等环节采取措施进行控制。有些工程，为避免白天日照时间过长，温度过高，也可采用夜间浇筑混凝土。

1. 混凝土拌制过程温度控制措施

混凝土的拌制过程中，主要以骨料的预冷，加冷水、加冰拌和，掺外加剂等措施来控制混凝土出机口的温度。

（1）骨料预冷。预冷骨料主要是预冷粗骨料。这是因为粗骨料在混凝土中所占的比重大，预冷粗骨料可使混凝土温度下降显著，同时预冷粗骨料的方法也比较简单。砂和水泥一般不进行预冷。

粗骨料预冷有三种方法：水冷、气冷和真空汽化法。

水冷有喷水与浸水两种形式。

喷水冷却是在拌和楼运料的皮带廊道内进行。在慢速运送骨料的皮带机上方装设冷却水管，装入2~4℃冷水沿途喷洒，石子受喷时间3~15min。浸水冷却是把粗骨料运入专门的冷却钢塔中，冷却水循环30~45min预冷后，骨料由出料皮带机送出使用，每冷却一次共需60~120min。需要注意的是：骨料冷却后，要对骨料含水量进行检测，调整拌和水用量。

（2）冷水或加冰拌和。由于水的比热较大，冰块融化成水要吸收大量的热量，故冷却拌和水特别是加冰拌和效果更好。北方地区，高温季节拌和混凝土时往往采用地下水作为拌和用水。当采用加冰措施时，一般加冰率为拌和水量的50%~70%，约可降低混凝土温度6~8℃。

冰粒一般制成粒径为2~3cm的小冰粒。过大则在拌和机内不易融化；过小则冰的潜热不能充分利用，效果也不显著。

（3）掺外加剂。夏季由于气温较高，加速了混凝土的凝结，可掺用缓凝剂等，延长混凝土的凝结时间。

2. 混凝土运输过程的温度控制措施

由于高温，在运输时混凝土坍落度的损失大，和易性很快变差。为了降低混凝土的入仓温度，混凝土运输线路应尽可能搭盖凉棚，防止日照。同时尽量减少混凝土的转运次数，加快运输和入仓速度，缩短仓面间歇时间，加强隔热措施，以减少温度回升。国内有些工程采用在廊道内用皮带机运输混凝土，以避免外界高温、日晒对混凝土的影响。

搅拌系统应尽量靠近浇筑地点，运送混凝土的搅拌运输车，宜加设外部洒水装置，或涂反光涂料。

3. 混凝土浇筑过程的温度控制措施

混凝土浇筑前应将模板干缩的裂缝堵严，并将模板充分淋湿。适当减少浇筑厚度，从而减少混凝土内部温差。浇筑后立即用薄膜覆盖，不使水分外逸。露天预制场宜设置可移动的荫棚，避免制品直接曝晒。

混凝土浇筑中如采用塑料拔管等冷却水管对混凝土进行降温时，将塑料管埋在指定位置，制孔后，拔出塑料管形成通水孔洞，冷水在孔间流动，达到降低混凝土内部温度的目的。

4. 混凝土养护过程的温度控制措施

由于高温会使混凝土表面水分快速蒸发，所以混凝土浇筑成型后，必须降低混凝土表面水分蒸发速度。为此，夏季混凝土养护除应遵守自然养护的规定外，可以在仓面上部遮荫，混凝土表面盖草袋湿润养护，基本保持混凝土表面湿润；或者采取喷淋管喷洒混凝土表面进行养护。对于采用湿润养护有困难的结构，如柱及面积较大的铺路混凝土等，可采用薄膜养护。

第三节　混凝土雨季施工

一、降雨对混凝土浇筑产生的影响

1. 混凝土配合比发生紊乱

降雨使露天堆放的骨料含水量增大，特别是砂子，计量称重下料时，若仍沿用原配合比，可能出现砂率变小、水灰比增大现象，且波动不稳，导致混凝土强度值偏低。

2. 混凝土表面水泥浆流失

雨中浇筑混凝土，混凝土在运输和振捣时由于雨水流入，使水泥浆随雨水流失，裸露骨料，产生混凝土离析，可能出现孔洞的混凝土质量缺陷。振捣后混凝土的表面水泥浆被冲刷流失，会产生麻面的混凝土质量缺陷。有时暴雨会使混凝土石子松动，混凝土表面受损，钢筋保护层厚度变薄，影响混凝土结构强度与耐久性。

3. 雨中工人操作困难

下雨时工人脚底较滑，视线也不清楚，容易发生事故，雨中工人操作困难，不能保证混凝土的强度、抗渗性和耐久性。

二、雨季混凝土施工措施

雨季施工应及时了解天气预报，合理安排施工，以提高雨季混凝土施工质量。

在雨季首先应做好下列工作：砂石料仓应排水畅通；运输工具应有防雨及防滑措施；浇筑仓面应有防雨措施并备有不透水覆盖材料；增加骨料含水率测定次数，并及时调整拌和用水量。

有抗冲耐磨和有抹面要求的混凝土不得在雨天施工。中雨以上的雨天不得新开混凝土浇筑仓面。在小雨天气进行浇筑时，应采取下列措施：适当减少混凝土拌和用水量和出机口混凝土的坍落度，必要时应适当缩小混凝土的水胶比或水灰比；加强仓内排水和防止周围雨水流入仓内；做好新浇筑混凝土面尤其是接头部位的保护工作。

在浇筑过程中，如遇大雨、暴雨，应立即停止进料浇筑，已浇筑入仓的混凝土应振捣密实后遮盖。雨后必须先排除仓内积水，对受雨水冲刷的部位应立即处理，如混凝土还能重塑，应加铺接缝混凝土后继续浇筑，否则应按施工缝处理。

复 习 思 考 题

6-1 简述混凝土的受冻临界强度。

6-2 冬季混凝土生产对原材料选择有什么要求？

6-3 冬季混凝土拌和有什么要求？

6-4 冬季混凝土拆模有什么要求？

6-5 夏季混凝土施工温度控制措施有哪些？

6-6 简述夏季混凝土浇筑过程的温度控制措施。

6-7 雨季混凝土施工应采取什么措施？

第七章 泵送混凝土施工

第一节 泵送混凝土

以混凝土泵为动力，通过输送管道将混凝土拌和物连续不断地泵送到浇筑仓面的施工方法称为泵送混凝土。

泵送混凝土一般用于钢筋密集的壁式结构、闸门槽等二期混凝土、水下混凝土以及其他设备不易到达的部位，如隧洞衬砌，导流底孔、导流洞混凝土的封堵浇筑等。随着混凝土泵车的出现和高效减水剂的成功掺用，泵送混凝土在水利水电过程中应用越来越广泛。

泵送混凝土有如下特点：

（1）泵送混凝土设备单一，并且可同时作水平和垂直运输，可直接入仓布料，简化浇筑程序。

（2）机械化程度高，能够节省劳动力。

（3）施工时受外界气候影响小，能较好地保证混凝土拌和物出机性质。

（4）采用管道输送入仓，对场地条件要求简单，能克服其他入仓方式无法解决的困难。

（5）泵送混凝土胶凝材料耗量较高，砂率较大，加大了混凝土材料成本。

（6）水泥用量大，坍落度大，水化热高，硬化过程及硬化后干缩量大，使用部位受到一定限制。

（7）混凝土级配受输送管管径和混凝土泵性能的限制，现阶段不能输送大级配混凝土。

现国内外已将混凝土泵车作为主体工程混凝土浇筑的工具，并且努力开发可浇筑3～4级配的混凝土输送泵。

第二节 泵送混凝土设备类型及选择

一、混凝土泵分类形式

（1）按驱动形式分类如表7-1所示。

表7-1　　　　　　　　　　　混凝土泵类型及工作原理

类 别		泵 送 原 理
活塞式	机械式	动力装置带动曲柄使活塞往返动作，将混凝土送出，如图7-1所示
	液压式	液压装置推动活塞往返动作，将混凝土送出，如图7-2所示
挤压式		泵室内有橡胶管及滚轮架，滚轮架转动时将橡胶管内混凝土压出，如图7-3所示
隔膜式		利用水压力压缩泵体内橡胶隔膜，将混凝土压出，如图7-4所示
气罐式		利用压缩空气将贮料罐内的混凝土吹压输送出，如图7-5所示

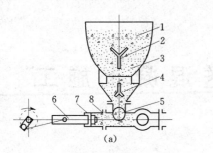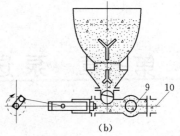

图 7-1　机械活塞式混凝土泵

(a) 将混凝土吸入泵室；(b) 将混凝土压入导管

1—筛网；2—搅拌器；3—料斗；4—喂料器；5—吸入阀；6—活塞；

7—气缸；8—工作室（泵室）；9—压出阀；10—导管

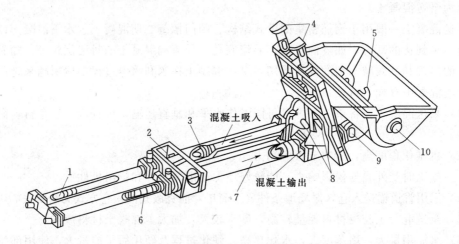

图 7-2　液压活塞式混凝土泵

1—主油缸；2—洗涤室；3—混凝土活塞；4—滑阀缸；5—搅拌叶片；6—主油缸活塞；

7—输送缸；8—滑阀；9—"Y"形管；10—料斗

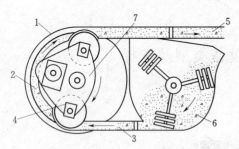

图 7-3　挤压式混凝土泵

1—泵室；2—橡胶软管；3—吸入管；4—回转滚轮；

5—导管；6—料斗；7—滚轮

（2）按移动方式可分为固定式、拖挂式和自行式。固定式系原始形式，多由电动机驱动，适用于工程量较大、移动较少的场合；拖挂式混凝土泵是把泵安装在简单的底架上，由于装有车轮，所以既能在施工现场方便地移动又能在道路上托运；自行式混凝土泵是把泵直接安装在汽车的底盘上，且多带布料装置或称布料杆，这种形式的输送泵一般又称泵车。

（3）按活塞数量分为单活塞（单缸）式和双活塞（双杠）式。

（4）按混凝土泵管口处压力大小可分为高压泵（$P>16.0$MPa）、低压泵（$P<10.0$MPa）和中压泵（10.0MPa$\leqslant P \leqslant 16.0$MPa）。

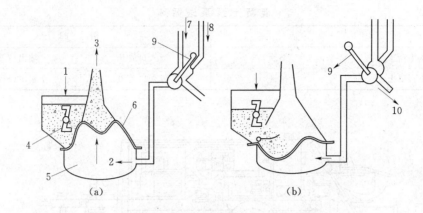

图 7-4　隔膜式混凝土泵

（a）将混凝土压出时状态；（b）将混凝土吸入时状态

1—进料；2—压送；3—泵出；4—搅拌器；5—泵体；6—隔膜；7—水从水箱来；
8—水从水泵来（此时 10 关闭）；9—四通阀；10—水泵将水抽出（此时 7、8 封闭）

二、液压活塞式混凝土泵

工程上使用较多的是液压活塞式混凝土泵，它是通过液压缸的压力油推动活塞，再通过活塞杆推动混凝土缸中的工作活塞来进行压送混凝土。

混凝土泵分拖式（地泵）和泵车两种形式。

图 7-6 为 HBT60 拖式混凝土泵示意图。它由混凝土泵送系统、液压操作系统、混凝土搅拌系统、油脂润滑系统、冷却和水泵清洗系统以及用来安装和支承上述系统的金属结构车架、车桥、支脚和导向轮等组成。其中，混凝土泵送系统如图 7-2 所示，由左、右主油缸、先导阀、洗涤室、混凝土活塞、输送缸、滑阀及滑阀缸、"Y"形管、料斗架等组成。

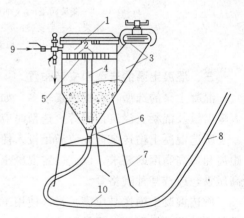

图 7-5　气罐式混凝土泵

1—贮气间；2—气孔；3—装料口；4—风管；
5—隔板；6—出料口；7—支架；8—注浆管；
9—进气口；10—输料软管

泵送系统工作过程：当压力油进入右主油缸无杆腔时，有杆腔的液压油通过闭合油路进入左主油缸，同时带动混凝土活塞缩回并产生自吸作用，这时在料斗搅拌叶片的助推作用下，料斗的混凝土通过滑阀吸入口，被吸入输送缸，直到右主轴油缸活塞行程到达终点，撞击先导阀实现自动换向后，左缸吸入的混凝土再通过滑阀输出口进入"Y"形管，完成一个吸、送行程，由于左、右主油缸是不断地交叉完成各自的吸、送行程，料斗里的混凝土就源源不断地被输送到达作业点，来完成泵送作业，见表 7-2。

将混凝土泵安装在汽车上称为臂架式混凝土泵车，它是将混凝土泵安装在汽车底盘上，并用液压折叠式臂架管道来运输混凝土，不需要在现场临时铺设管道。

表 7-2   混凝土泵泵送循环

名　　称	活　　塞	滑　　阀	
吸入混凝土	缩回	吸入口放开	输出口关闭
输出混凝土	推进	吸入口关闭	输出口开放

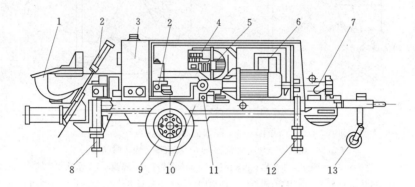

图 7-6　HBT60 拖式混凝土泵

1—料斗；2—集流阀组；3—油箱；4—操作盘；5—冷却器；6—电器柜；

7—水泵；8—后支脚；9—车桥；10—车架；11—排出量手轮；

12—前支腿；13—导向轮

三、混凝土泵的选型和安装布置

混凝土泵的选型，影响因素较多，如根据混凝土工程特点、要求的最大输送距离、最大输出量及混凝土浇筑计划等，选型时应综合考虑。

所选混凝土输送泵首先应满足投入使用工程单位时间内泵送混凝土最大量、泵送最远距离和最高高度的要求，以此确定混凝土输送泵的最大泵送混凝土压力是选用低压泵还是高压泵，或选某种规格泵。

所选混凝土输送泵应满足投入使用工程混凝土要求，如混凝土的坍落度、粗骨料最大粒径、砂石的级配等，粗骨料最大粒径应严格控制。

混凝土泵的最大水平输送距离，按式（7-1）、式（7-2）、式（7-3）、式（7-4）进行计算

$$L_{\max} = \frac{P_{\max}}{\Delta P_H} \tag{7-1}$$

$$\Delta P_H = \frac{2}{O}\left[K_1 + K_2\left(1 + \frac{t_2}{t_1}\right)V_2\right]\alpha_2 \tag{7-2}$$

$$K_1 = (3.00 - 0.01S_1) \times 10^2 \tag{7-3}$$

$$K_2 = (4.00 - 0.01S_1) \times 10^2 \tag{7-4}$$

式中　$L_{\max}$——混凝土泵的最大水平输送距离，m；

$P_{\max}$——混凝土泵的最大出口压力，Pa；

ΔP_H——混凝土在水平输送管内流动每米产生的压力，Pa/m，可按式（7-2）计算；

O——混凝土输送管半径，m；

K_1——黏着系数，Pa；

K_2——速度系数，Pa/（m·s）；

S_1——混凝土坍落度，cm；

$\dfrac{t_2}{t_1}$——混凝土泵分配阀切换时间与活塞推压混凝土时间之比，一般取 0.3；

V_2——混凝土拌和物在输送管内的平均流速，m/s；

α_2——径向压力与轴向压力之比，对普通混凝土取 0.90。

混凝土泵安装布置的一般要求：混凝土泵安装应水平，场地应平坦坚实，尤其是支腿支承处。严禁左右倾斜和安装在斜坡上，如地基不平，应整平夯实；应尽量安装在靠近施工现场。若使用混凝土搅拌运输车供料，还应注意车道和进出方便；长期使用时需在混凝土泵上方搭设工棚；在混凝土泵的作业范围内，不得有高压线等障碍物；混凝土泵安装应牢固；支腿升起后，插销必须插准并锁紧并防止振动松脱；布管后应在混凝土泵出口转弯的弯管和锥管处，用钢钎固定。必要时还可用钢丝绳固定在地面上，如图 7-7 所示。

图 7-7　混凝土泵的安装固定

四、混凝土输送管道选择和安装布置

混凝土输送管包括直管、弯管、锥管、布料软管。要求阻力小、耐磨损、质量轻、易拆装、密封好。

选择混凝土输送管道时，管道管径由泵送混凝土粗骨料的最大粒径来选择，见表 7-3。管壁厚度应与泵送压力相适应，使用管壁太薄的配管，作业中会产生爆管，使用前应清理检查，太薄的管应装在前端出口处。

表 7-3　　　　　　　　　　　泵送混凝土管径要求

类　　别		规　　格
直管	管径（mm）	100、125、150、175、200
	长度（m）	4、3、2、1
弯管	水平角（°）	15、30、45、60、90
	曲率半径（m）	0.5、1.0
	锥形管（mm）	200→175、175→150、150→125、125→100
布料管	管径（mm）	100、125、150、175、200
	长度（mm）	约 6000

泵送混凝土布管时，应根据工程施工场地特点，最大骨料粒径、混凝土泵型号、输送

距离及输送难易程度等进行选择与配置。

　　布管要求如下：尽量缩短管线长度，少用弯管和软管；在同一条管线中，应采用相同管径的混凝土管；同时采用新、旧配管时，应将新管布置在泵送压力较大处，管线应固定牢靠，管接头应严密，不得漏浆；应使用无龟裂、无凸凹损伤和无弯折的配管；管道应合理固定，不影响交通运输，不搞乱已绑扎好的钢筋，不使模板振动；管道、弯头、零配件应有备品，可随时更换。

　　布管时要注意：混凝土输送管线宜直，转弯宜缓，以减少压力损失；浇筑点应先远后近（管道只拆不接，方便工作）；前端软管应垂直放置，不宜水平布置使用，如需水平放置，切忌弯曲角过大，以防爆管；垂直向上布管时，为减轻混凝土泵出口处压力，宜使地面水平管长度不小于垂直管长度的 1/4，一般不宜少于 15m，如条件限制可增加弯管或环形管满足要求，当垂直输送距离较大时，应在混凝土泵机"Y"形管出料口 3～6m 处的输送管根部设置销阀管（亦称插管），以防混凝土拌和物反流，如图 7-8 所示；侧斜向下布管时，当高差大于 20m 时，应在斜管下端设置 5 倍高差长度的水平管，如条件限制，可增加弯管或环形管满足以上要求，如图 7-9 所示，当坡度大于 20° 时，应在斜管上端设排气装置；泵送混凝土时，应先把排气阀打开，待输送管下段混凝土有了一定压力时，方可关闭排气阀。

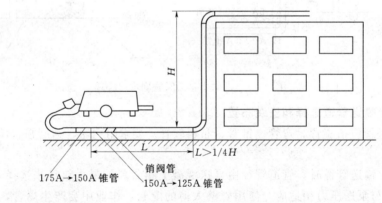

图 7-8　垂直向上布管

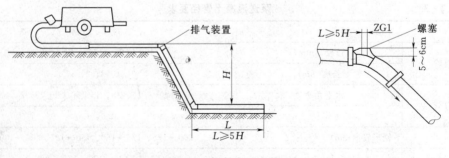

图 7-9　倾斜向下布管

五、混凝土泵的泵送能力验算

　　混凝土输送泵泵送能力的确定即是选用多大功率的泵合适，在施工中常根据混凝土的输出量、管道长度、泵送压力、管径、坍落度等因素，通过查列线图和计算进行估算泵送能力。

根据具体施工情况可按下列方法之一进行验算，同时应符合产品说明的有关规定：即①按式（7-5）计算的混凝土输送管的配管整体水平换算长度应不超过计算所得的最大水平泵送距离，若不满足要求，可通过改变混凝土泵的位置、调整配管方案（减少使用压力损失大的管件、减少管道长度）、增大坍落度、双泵串联作业等技术措施去实现；②按表7-5换算的管道总压力损失，应小于混凝土泵正常工作时的最大出口压力。

混凝土输送管的水平换算长度，按式（7-5）计算

$$L=(l_1+l_2+\cdots)+k(h_1+h_2+\cdots)+fm+bn_1+tn_2 \tag{7-5}$$

式中　　L——配管的水平换算长度，m；

　　l_1、l_2——水平配管长度，m；

　　h_1、h_2——垂直配管长度，m；

　　　　m——软管根数，根；

　　　n_1——弯管个数，个；

　　　n_2——变径管个数，个；

k、f、b、t——每米垂直管、每根软管、弯管、变径管的换算长度，可按表7-4换算。

表 7-4　　　　　　　　　　　混凝土输送管的水平换算长度

类　别	单位	规　格		水平换算长度（m）	代　号
向上垂直管	每米（mm）	100		3	k
		125		4	
		150		5	
变径管	每根（mm）	175→150		4	t
		150→125		8	
		125→100		16	
弯管	个	90°弯管（m）	$R=1$	9	b
			$R=0.5$	12	
		45°弯管（m）	$R=1$	4.5	
			$R=0.5$	6	
		30°弯管（m）	$R=1$	3	
			$R=0.5$	4	
		15°弯管（m）	$R=1$	1.5	
			$R=0.5$	2	
		90°垂直弯管（m）	$R=1$	14	
软管	根（m）	5~8		20	f

注　R为曲率半径；向下垂直管，其水平换算长度等于其自身长度；斜向配管时，根据其水平及垂直投影长度，分别按水平、垂直配管计算。

表 7-5　　　　　　　　　　　混凝土泵送的换算压力损失

管件名称	换算量	换算压力损失（MPa）	管件名称	换算量	换算压力损失（MPa）
水平管	每 20m	0.10	管道接环（管卡）	每只	0.10
垂直管	每 5m	0.10	管路截止阀	每个	0.80
45°弯管	每只	0.05	3.5m 橡皮软管	每根	0.20
90°弯管	每只	0.10			

注 附属泵体的换算压力损失："Y"形管 175～125mm，0.05MPa；每个分配阀 0.80MPa；每台混凝土泵起动内耗，2.80MPa。

【例 7-1】 某建筑物基础，采用混凝土泵车浇筑，泵车的最大出口泵压 $P_{max}=4.71$MPa，输送管直径为 125mm，每台泵车水平配管长度为 120m，装有两根 $R=0.5$m 的 90°弯管，一根软管，三根 125→100mm 变径管。混凝土坍落度 $S=18$cm，混凝土在输送管内的流速 $V_2=0.56$m/s，试计算混凝土输送泵的输送距离，并验算泵送能力是否满足要求。

解： 由式（7-5）计算配管的水平换算长度

$$L=(l_1+l_2+\cdots)+k(h_1+h_2+\cdots)+fm+bn_1+fn_2$$

$$=120+0+20\times1+12\times2+16\times3=212\ (m)$$

由式（7-2），取　　　　　　$\dfrac{t_2}{t_1}=0.3,\ \alpha_2=0.9$

$$K_1=(3.00-0.01S)\times10^2=(3.00-0.01\times18)\times10^2=282\ (Pa)$$

$$K_2=(4.00-0.01S)\times10^2=(4.00-0.01\times18)\times10^2=382\ [Pa/(m\cdot s)]$$

$$\Delta P_H=\frac{2}{O}\left[K_1+K_2\left(1+\frac{t_2}{t_1}\right)V_2\right]\alpha_2$$

$$=\frac{2}{0.125}[282+382(1+0.3)\times0.56]\times0.9=8065\ (Pa/m)$$

由式（7-1），混凝土输送泵的最大输送距离为

$$L_{max}=P_{max}/\Delta P_H=4.71\times10^6/8065=584\ (m)$$

又由表 7-5 换算的总压力损失为（设另装有"Y"形管一只，分配阀一个）：

总压力损失＝水平管压力损失＋软管压力损失＋90°弯管压力损失＋"Y"形管压力损失＋分配阀压力损失＋混凝土泵起动内耗，即

$$P=\frac{120}{20}\times0.1+1\times0.20+2\times0.10+1\times0.05+1\times0.8+2.8=3.93\ (MPa)$$

由以上计算知混凝土输送管的配管整体水平换算长度为 212m，不超过计算所得的最大泵送距离 584m；混凝土泵送的换算压力损失为 3.93MPa 小于混凝土泵的最大出口压力 4.71MPa，故能满足要求。

第三节 泵送混凝土配合比

一、混凝土可泵性

混凝土可泵性是指在泵送压力下，混凝土拌和物在管道中的通过能力。可泵性好的混凝土应该是：输送过程中与管道之间的流动阻力尽可能小，有足够的黏聚性，保证在泵送过程中不泌水、不离析。

混凝土的可泵性主要取决于混凝土拌和物本身的和易性。为了顺利进行泵送，要求泵送混凝土有一定的流动性，但流动性大的混凝土其可泵性并不一定好，流动性过大会对混凝土带来泌水、离析等质量问题，甚至会使混凝土丧失可泵性，所以，在原材料选择和配合比方面要认真，配置出可泵性良好的混凝土拌和物。

1. 可泵性表示方法

目前，可泵性尚没有确切的表示方法，一般可用压力泌水仪试验结合施工经验进行控制，即以其10s时的相对压力泌水率 S_{10} 不超过40%，此种混凝土是可以泵送的。

相对泌水率 S_{10} 按式（7-6）计算

$$S_{10} = V_{10}/V_{140} \tag{7-6}$$

式中　　S_{10}——混凝土拌和物加压至10s时的相对泌水率，%；S_{10} 取三次试验结果的平均值，精确到1%；

V_{10}、V_{140}——混凝土拌和物加压至10s和140s时的泌水量，mL；V_{10}、V_{140} 均取三次试验结果平均值，精确到整数位。

在泌水试验中发现，对于任何坍落度的混凝土拌和物，开始10s内的出水速度很快，140s后泌水体积很小，所以 V_{10}/V_{140} 可以代表混凝土拌和物的保水性能，其值越小，则表明混凝土拌和物的可泵性愈好，反之则可泵性不良。

2. 提高可泵性的方法

（1）选用合适的混凝土水灰比。在保证设计强度要求的原则下，水灰比要尽量合适。水灰比小，即每立方米混凝土水泥用量增多，混凝土流动性较差，可泵性差；如果水灰比大，即每立方米混凝土水泥用量减少，混凝土流动性好，但是混凝土保水性差，会使输送压力中断而引起输送管堵塞。水灰比为0.4～0.6，混凝土均能满足一般泵送要求。

（2）选择合适粒径、级配和粒型的粗骨料。

（3）选择合适砂率。

（4）选择合适管道和泵送压力。管道对混凝土泵送的影响，主要表现在管道内壁表面是否光滑、管道截面变化情况和管线方向是否改变等三个方面。混凝土混合料和管道内壁之间的摩擦力，直接影响到混凝土泵的压力。混凝土拌和物在管内输送的过程中，当改变管线方向或输送管道截面由大变小时，将产生较大的摩擦阻力，对混凝土泵送不利。所以，泵送混凝土的管道弯头越少越好，在整个泵送管路系统中最好采用相同直径的管道。在进行泵送混凝土时，泵送的压力必须大于混凝土拌和物在管壁上的抗剪力。

（5）添加掺合料和外加剂。

二、泵送混凝土原材料要求

1. 水泥

（1）水泥品种。为了保证混凝土拌和物具有可泵性，要求使用的水泥必须使混凝土拌和物保水性好、泌水性小。泵送混凝土一般采用硅酸盐水泥、普通硅酸盐水泥、矿渣硅酸盐水泥及粉煤灰硅酸盐水泥，但必须符合相应标准的规定。使用矿渣硅酸盐水泥时，由于矿渣硅酸盐水泥保水性较差、泌水性较大，所以要采取适当提高砂率、降低坍落度、掺加粉煤灰、掺入混凝土泵送剂、提高保水性等技术措施后，再用于泵送混凝土。

（2）水泥用量。泵送混凝土中水泥砂浆在输送管道里起到润滑作用，适宜的水泥用量对混凝土的可泵性起着重要作用。水泥用量过少，混凝土拌和物的和易性较差，会使得泵送阻力增大，容易引起堵塞；水泥用量过多，不仅工程造价和水化热提高，而且使混凝土拌和物黏性增大，也会使泵送阻力增大引起堵塞，还容易使大体积混凝土产生裂缝。

水泥用量与骨料品种、输送管径、输送距离都有直接关系。同样粒径、级配，人工破碎骨料要比天然砾石卵石用的水泥多。输送距离越长、输送管径越小，要求混凝土的流动性、润滑性、保水性越高，所以水泥耗量越大。要求水泥用量不仅满足强度要求，还必须充分包裹骨料表面，并能在管道内起到润滑作用，泵送混凝土的最小水泥用量为 $300kg/m^3$。有关试验结果表明：强度等级为 42.5MPa 的水泥配制 C30 泵送混凝土，适宜的水泥用量为 $380\sim420kg/m^3$；强度等级为 52.5MPa 的水泥配制 C30 泵送混凝土，适宜水泥用量为 $350\sim380kg/m^3$。

2. 粗骨料

粗骨料的品种、粒径、级配对混凝土的可泵性有着十分重要的影响。

（1）骨料品种要求：卵石、碎石及乱碎石混合料均可用，可泵性以卵石混凝土最佳，其次混合料，碎石稍差。针片颗粒含量应控制在 10％以内。针、片状颗粒形状的粗骨料，不仅降低混凝土稳定性，而且含量较高时，混凝土易产生离析、泌水和骨料外露现象，硬化混凝土的抗压强度随粗骨料针片状含量的增加而降低，而且容易卡在泵管中造成堵塞。

（2）骨料粒径要求：配制泵送混凝土时，粗骨料最大粒径不宜超过 40mm，泵送高度超过 50m 时，碎石最大粒径不宜超过 25mm，卵石最大粒径不宜超过 30mm。粗骨料最大粒径与输送管径之比的要求，泵送高度在 50m 以下时，对碎石不宜大于 1∶3，对卵石不宜大于 1∶2.5；泵送高度在 50～100m 时，对碎石不宜大于 1∶4，对卵石不宜大于 1∶3；泵送高度在 100m 以上时，对碎石不宜大于 1∶5，对卵石不宜大于 1∶4。

（3）骨料级配要求：粗骨料颗粒级配应连续、均匀、无超径石。级配良好的粗骨料，其孔隙率较小，对节约水泥砂浆和增加混凝土的密实度起很大作用。粗骨料粒型良好可使大颗粒的空隙由中颗粒填充，大中颗粒的空隙又由小颗粒来填充，这样互相补充，孔隙率达到最小，可以减少水泥用量。

3. 细骨料

砂子的质量与普通混凝土要求相同，细骨料对混凝土拌和物的可泵性有较大影响。要求选用粒径级配良好的中砂，通过 0.315mm 的筛孔砂不少于 15％。

4. 掺合料

为节约水泥、降低水化热、增加混凝土流动性、改善混凝土的泵送性能，泵送混凝土宜掺适量掺合料。在泵送混凝土中掺合料有硅粉、沸石粉、磨细矿渣粉和粉煤灰，粉煤灰是最常用的掺合料。当泵送混凝土中水泥用量较少或细骨料中粒径小于 0.315mm 含量较少时，掺加粉煤灰是最适宜的，并且应用Ⅰ级、Ⅱ级粉煤灰。粉煤灰掺入混凝土拌和物后，不仅能使混凝土拌和物的流动性增加，而且能减少混凝土拌和物的泌水和干缩程度。

5. 外加剂

用于泵送混凝土的外加剂，主要有泵送剂、减水剂和引气剂三大类，对于大体积混凝土，为防止收缩裂缝有时还掺加适量的膨胀剂。施工时，可根据实际情况掺加几种外加剂。

在选用外加剂时，宜优先使用混凝土泵送剂，泵送剂可采用由减水剂、缓凝剂、引气剂等复合而成，它具有减水、增塑、保塑和提高混凝土拌和物稳定性等技术性能，对泵送混凝土的施工较为有利。

泵送剂的一般要求：泵送剂的品种、掺量应按供货单位提供的推荐掺量和环境温度、泵送高度、泵送距离、运输距离等要求经混凝土试配后确定。泵送剂运到工地（或混凝土搅拌站）的要检验其 pH 值、密度（或细度）、坍落度增加值及坍落度损失，符合要求方可入库、使用。在使用时，含有水不溶物的粉状泵送剂应与胶凝材料一起加入搅拌机中；水溶性粉状泵送剂易用水溶解后或直接加入搅拌机中，应延长混凝土搅拌时间 30s；液体泵送剂应与拌和水一起加入搅拌机中，溶液中的水应从拌和水中扣除。

在输送距离不特别远的泵送混凝土施工中，也可以使用木质素磺酸钙减水剂。减水剂能保持坍落度不变，掺减水剂可降低单位混凝土用水量 5%～25%，提高混凝土早期强度；保持用水量不变，掺减水剂可增大混凝土坍落度 10～20cm；保持强度不变，掺减水剂可节约水泥用量 5%～20%。

引气剂是在混凝土搅拌过程中，能引入大量分布均匀稳定而密封的微小气泡，以减少拌和物的泌水离析、改善和易性。常用引气剂主要有松香树脂类，如松香热聚物、松香酸钠等。引气剂配置溶液时必须充分溶解后方可使用。掺用引气剂型外加剂时，其混凝土含气量不宜大于 4%。

三、配合比设计

泵送混凝土配合比设计，主要是确定混凝土的可泵性、选择混凝土拌和物的坍落度、选择水胶比或水灰比、确定最小水泥用量、确定适宜的砂率、选择外加剂等。

1. 配合比设计原则

根据泵送混凝土的工艺特点，确定泵送混凝土配合比设计的基本原则：

（1）配制的混凝土要保证压送后能满足所规定的和易性、均质性、强度和耐久性等方面的质量要求。

（2）根据所使用材料的质量、混凝土泵的种类、输送管的直径、压送的距离、气候条件、浇筑部位及浇筑方法等，经过试验确定配合比。试验包括混凝土的试配和试送。

（3）在混凝土配合成分中，应尽量采用减水型塑化剂等外加剂，以降低水胶比或水灰比，改善混凝土的可泵性。

2. 坍落度的选择

泵送混凝土坍落度，是指混凝土在施工现场入泵泵送前的坍落度。泵送混凝土的坍落度，除要考虑振捣方式外，还要考虑其可泵性，也就是要求泵送效率高、不堵塞、混凝土泵机件的磨损小。

泵送混凝土坍落度，试配时可用式（7-7）进行初步计算

$$T_l = T_V + \Delta T \tag{7-7}$$

式中　T_l——试配时混凝土要求的坍落度；

　　　T_V——混凝土入泵时要求的坍落度，见表7-6；

　　　ΔT——试验测得在预计时间内的坍落度损失，见表7-7。

表7-6　　　　　　　　　　**不同泵送高度混凝土坍落度**

泵送高度（m）	30 以下	30～60	60～100	100 以上
坍落度（mm）	100～140	140～160	160～180	180～200

表7-7　　　　　　　　　　**混凝土坍落度损失值**

大气温度（℃）	10～20	20～30	30～35
混凝土经时坍落度损失值（mm）（掺粉煤灰和木钙，经时 1h）	5～25	25～35	35～50

注　掺粉煤灰与其他外加剂时，坍落度经时损失值可根据施工经验或通过试验确定。

要合理选择坍落度值，坍落度过小的混凝土拌和物，泵送时吸入混凝土缸较困难，进行泵送时应用较高的泵送压力，坍落度过大的混凝土拌和物，在管道中滞留时间长，泌水多，容易产生离析而形成阻塞。

泵送混凝土的坍落度应根据工程具体情况而定，如水泥用量较少、坍落度相应减小；用布料杆进行浇筑，或者管路转弯较多时，由于弯管接头多，压力损失大，宜适当加大坍落度；向下泵送时，为防止混凝土因自身下滑引起堵管，坍落度适宜适当减小；向上泵送时，为避免过大的倒流压力，坍落度也不宜过大。

3. 砂率的选择

在泵送混凝土配合比中除单位水泥用量外，砂率对于泵送混凝土的泵送性能也非常重要。增大砂率可改善混凝土可泵性，但砂率过大不仅会使混凝土的用水量增加，而且还将影响硬化混凝土的技术性能，因此，在保证混凝土强度、耐久性和可泵性的前提下，尽量选择混凝土最佳砂率。

影响砂率的因素很多，主要有：骨料的粒径（粒径增大砂率降低）、粗骨料的种类（卵石所需砂率比碎石的小）、细骨料的粗细（细砂所需砂率比粗砂的大）、水泥用量（水泥用量多则砂率低）等。根据经验，砂率一般可选择38%～45%。

如无使用经验，可按骨料品种、规格及混凝土是否掺加气剂，参考表7-8选用。因为该表为坍落度小于或等于 60mm，且等于或大于 10mm 的混凝土砂率；坍落度等于或大于 100mm 的混凝土砂率可在该表的基础上，按坍落度每增大 20mm，砂率增大 1% 的幅度予以调整。配制大流动性泵送混凝土时，砂率宜提高至 40%～43%（中砂）为准，对

薄壁构件砂率取大值。

表 7 - 8　　　　　　　　　　　　　砂 率 选 用 参 考 表

粗骨料最大粒径 (mm)	掺加气剂混凝土（%）		不掺加气剂混凝土（%）	
	卵石	碎石	卵石	碎石
15	48	53	52	54
20	45	50	49	54
30	42	45	45	49
40	40	42	42	45

4. 水胶比或水灰比选择

水胶比或水灰比大有利于混凝土拌和物的泵送，但对混凝土硬化后的强度和耐久性有较大影响。因此，泵送混凝土水胶比或水灰比的选择，既要考虑到混凝土拌和物的可泵性，又要满足混凝土强度和耐久性的要求。水胶比或水灰比宜为 0.4～0.6。

5. 配合比计算

参见第一章配合比计算内容。

第四节　泵送混凝土施工工艺

一、施工准备

（1）进行混凝土泵与混凝土输送管道的安装与布置。

（2）混凝土泵空转。混凝土泵压送作业前应空运转，方法是将排出量手轮旋至最大排量，给料斗加足水空转 10min 以上。

（3）管道润滑剂的压送。混凝土泵开始连续泵送前要对配管泵送润滑剂。润滑剂有砂浆和水泥浆两种，一般常采用砂浆。砂浆的压送方法是：配好砂浆；将砂浆倒入料斗，并调整排出量手轮至 20～30m³/h 处，然后进行压送，当砂浆即将压送完毕时，即可倒入混凝土，直接转入正常压送；砂浆压送时出现堵塞时，可拆下最前面的一节配管，将其内部脱水块取出，接好配管，即可正常运转。

二、泵送混凝土拌和

泵送混凝土所用各种原材料的质量应符合配合比要求，并根据原材料情况的变化及时调整配合比。泵送混凝土需用合格的拌合楼拌制，拌制时要严格控制骨料粒径和级配，防止混入超径颗粒，以免在后期泵送过程中发生管道堵塞。为减少运输中坍落度损失，应尽可能与搅拌站放在同一处直接供料，拌合楼与混凝土泵的生产效率要相匹配。混凝土的计量精度和拌和时间要符合有关规定。

三、泵送混凝土运输

泵送混凝土宜用混凝土搅拌运输车运输，运输能力要大于混凝土泵的泵送能力，以便保证混凝土供应不中断，满足施工要求。

混凝土运输搅拌车装料前应用水冲洗滚筒，并排净滚筒中的多余水；为避免混凝土在运输过程中凝结，搅拌车在行进途中，搅拌筒应保持慢速转动。搅拌车在卸料前应先高速运转 20～30s，然后再反转卸料，以保证混凝土的和易性满足要求。如果中断卸料作业，应使搅拌筒低速搅拌混凝土。在混凝土泵进料斗上，应安置网筛并设专人监视卸料。避免粒径过大的骨料或异物进入混凝土泵造成堵塞。如果出现混凝土坍落度损失过大，可在保持水灰比不变的条件下同时加入水和水泥，搅拌后浇筑，除此之外，严禁往搅拌筒内任意加水。

四、混凝土压送

混凝土压送注意事项：开始压送混凝土时，应使混凝土泵低速运转，注意观察混凝土泵的输送压力和各部位的工作情况，在确认混凝土泵各部位工作正常后，才提高混凝土泵的运转速度，加大行程，转入正常压送。正常压送时，要保持连续压送，尽量避免压送中断。静停时间越长，混凝土分离现象就会越严重。当中断后再继续压送时，输送管上部泌水就会被排走，最后剩下的下沉粗骨料就易造成输送管的堵塞。如管路有向下倾斜下降段时，要将排气阀门打开，在倾斜段起点塞一个用湿麻袋或泡沫塑料球做成的软塞，以防止混凝土拌和物自由下降或分离。塞子被压送的混凝土推送，直到输送管全部充满混凝土后，关闭排气阀门。泵送时，受料斗内应经常有足够的混凝土，防止吸入空气造成阻塞。发现进入料斗的混凝土有离析状况时要暂停泵送，待搅拌均匀后再泵送。若骨料分离比较严重，料斗内灰浆明显不足时，应将分离的骨料清除或另外加砂浆，必要时可打开料斗底部闸门，把料斗内混凝土料全部排除。

压送中断措施：浇灌中断是允许的，但不得随意留施工缝。浇灌停歇压送中断期内，应采取一定的技术措施，防止输送管内混凝土离析或凝结而引起管路的堵塞。压送中断的时间，一般应限制在 1h 之内，夏季还应缩短。压送中断期内混凝土泵必须进行间隔推动，每隔 4～5min 一次，每次进行不少于 4 个行程的正、反转推动，以防止输送管的混凝土离析或凝结。如泵机停机时间超过 45min，应将存留在导管内的混凝土排出，并加以清洗。

五、泵送混凝土的布料

根据工程特点、施工条件、配管情况选择布料方式，应尽可能覆盖要浇筑的仓面，并能均匀及时布料；布料设备运行时应安全可靠且不影响其他工序的操作。常用的布料方式见表 7-9。

表 7-9 布 料 方 式 汇 总

布 料 方 式	使 用 范 围
手推车布料	适用于其他布料方式达不到的死角部位
溜槽布料	在混凝土输出口处接缝溜槽，溜槽可做成移动式，增大布料面积
布料软管布料	布料软管重量轻，移动方便，在混凝土输出口处接布料软管，工作时用绳子拴住软管，拖到需浇筑的各处，软管最小弯曲半径不小于 1.5m
布料杆布料	通常混凝土泵车配备这种布料设备，它可与搅拌站，输送车等混凝土机械配套使用，提高施工质量和施工速度、能在狭窄工地施工
输送管直接布料	输送管直接伸入仓内，依靠流态混凝土的扩散作用布料

六、泵送混凝土浇筑、振捣与养护

泵送混凝土浇筑时，应根据工程结构特点、平面形状和几何尺寸、混凝土供应和泵送设备能力、劳动力和管理能力以及周围场地大小等条件，预先划分好混凝土浇筑区。

（1）浇筑顺序：对同一区域的混凝土，应按先竖向结构后水平结构的顺序，分层连续浇筑；当采用输送管输送混凝土时，应由远而近浇筑；当不允许留施工缝时，区域之间、上下层之间的混凝土浇筑间歇时间，不得超过混凝土初凝时间；当下层混凝土初凝后，浇筑上层混凝土时，应先按留施工缝的规定处理。

（2）浇筑方法：泵送混凝土一般采用水平分层浇筑法。在实际应用时可根据泵送能力、仓面大小、周围施工场地情况等条件，采用水平分层法、推移浇筑法或分层推移浇筑法铺料，并合理确定浇筑顺序。

水平分层浇筑是在一次浇筑区段进行混凝土浇筑时，整个混凝土浇筑大致在一个水平面上，一层浇筑完成后，再浇筑上一层，每个浇筑层厚一般为 40～50cm，这种方法适用于浇筑能力较大的中小仓面。推移浇筑法时从浇筑区段的一段开始，一直浇筑到顶部，然后顺序向邻近推移直至完成整个浇筑仓面，这种方法适用于高度不大于 2m 的浇筑仓号。分层推移浇筑法综合上述两种方法而成，先在一个浇筑层中采用推移浇筑法，完成一定区域后，再向上一层发展，进而完成整个仓号浇筑。这种分层浇筑便于振捣密实，也可避免一次浇到顶流淌较大的现象；同时减少浇筑过程中混凝土输送管道装拆工作量和泵车移动次数。混凝土浇筑时，自由下跌高度一般不宜超过 2m。

泵送混凝土一般采用插入式振捣器捣固，振捣时间在 15～30s，且隔 20～30min 后，进行第二次复振，且震动棒移动间距宜为 400mm 左右。

泵送混凝土的养护方式与普通混凝土相同。

七、混凝土泵和输送管道的清洗

混凝土压送完毕后，对混凝土泵及输送管道要及时清洗，洗管前应先进行反转，以降低管内压力。清洗方法有如下几点。

（1）用高压水清洗的方法。S 阀式的混凝土泵可泵水"自洗"，其他阀型的泵要另配高压水泵或专用的清洗泵附件，这时需要一个进水接头，与高压水泵连接的水管上有一个水阀，进水接头内要塞进一个海绵球和一个橡胶塞，橡胶塞在前与混凝土接触，海绵球在后与高压水接触。

（2）水洗时，混凝土泵应采用大行程、低转速运转，放入的海绵球与混凝土之间不得有孔隙，以防止压力水越过海绵球混入混凝土中。清洗水应由预先准备好的排浆管排走，不得将洗管残浆灌入已浇好的混凝土中。冬季施工时，应将全部水排清，将泵机活塞擦洗拭干，防止冻坏活塞环。

（3）用压缩空气吹洗。气洗步骤：①如果是垂直向上泵送的管道布置，垂直管道下部又装有止流管者，应将止流插板插入，以防止垂直管中的混凝土倒流；②拆去锥管，把和锥管连接的第一根直管管口的混凝土掏出一些，把管口清理干净，接上气洗接头，气洗接头内事先塞进一个浸透水的海绵球；③在气洗接头上装有进、排气阀，并用软管与压缩空气管接通；④在管道末端接上安全盖，安全盖的孔口应朝下。如果管道末端是垂直向下或用 90°弯头朝下卸料者，可以不接安全盖；⑤由于安全孔口朝下，压缩空气的反作用力可能将安全盖连同几节管子向上抬起而发生事故，故应将末端管道固定好；⑥打开气阀，使压缩空气推动海绵球将混凝土压出。

（4）气洗时注意：混凝土泵应采用大行程高速运转，压缩空气的压力采用 1MPa；所使用的输送管的管壁厚度应在 1.5mm 以上，并在输送管出口处装防喷设备，施工人员要离开出口方向，以防止混凝土后海绵清洗时飞出伤人；在气洗过程中，如果发生堵管，应先放气，将压力减至正常气压后，才能拆管进行排除工作。

第五节　泵送混凝土事故处理

一、泵送混凝土管道堵塞的原因及处理

1. 堵管的征兆

在开始出现征兆时，应采取措施，这对于防止堵管非常重要。如果每个泵送冲程的压力峰值随着冲程的交替而迅速上升，并很快达到设定压力，正常的泵送循环自动停止，主油路溢流阀发出溢流响声，就表明发生了堵塞，有的混凝土泵设计有自动反泵回路，如果频繁反泵都未恢复正常泵送，就要试用手动反泵，如果多次反泵仍不能恢复正常循环，表明已经堵牢。

2. 堵管部位的判断

发生堵管后，应一边进行正泵——反泵操作；同时让其他人员沿着输送管路寻找堵塞部位。一般情况是从泵的出口开始，未堵塞的部位会剧烈振动，而堵塞的部位是静止的。还可以用木锤敲打检查，凭手感和声音判断堵管部位。

3. 堵管原因

在混凝土压送过程中，输送管路由于混凝土拌和物品质不良，可泵性差；输送管路配管设计不合理；异物堵塞；混凝土泵操作方法不当等原因，常常造成管路堵塞。坍落度大，黏滞性不足，泌水多的混凝土拌和物容易产生离析，在泵压作用下，水泥浆体容易流失，而粗骨料下沉后推动困难，很容易造成输送管路的堵塞。在输送管路中混凝土流动阻力增大的部位（如"Y"形管、锥形管及弯管等部位）也极易发生堵塞。

向下倾斜配管时，当下倾配管下端阻压管长度不足，在使用大坍落度混凝土时，在下倾管处，混凝土会呈自由下流状态，在自流状态下混凝土易发生离析而引起输送管路的堵塞。由于对进料斗、输送管检查不严及压送过程中对骨料的管理不良，使混凝土拌和物中混入了大粒径的石块、砖块及短钢筋等而引起管路的堵塞。

混凝土泵操作不当，也易造成管路堵塞。操作时要注意观察混凝土泵在压送过程中的工作状态。压送困难、泵的输送压力异常及管路振动增大等现象都是堵塞的先兆，若在这种异常情况下，仍然强制高速压送，就易造成堵管。堵管原因如表 7-10 所示。

4. 堵管的预防

防止输送管路堵塞，除混凝土配合比设计要满足可泵性的要求，配管设计要合理，加强混凝土拌制、运输、供应过程的管路确保混凝土的质量外，在混凝土压送时，还应采取以下预防措施：严格控制混凝土的质量。对和易性和匀质性不符合要求的混凝土不得入

表 7-10 输送管堵塞原因

项　目	堵　塞　原　因
混凝土拌和物质量	1. 坍落度不稳定； 2. 砂子用量较少； 3. 石料粒径、级配超过规定； 4. 搅拌后停留时间超过规定； 5. 砂子、石子分布不匀
泵送管道	1. 使用了弯曲半径太小的弯管； 2. 使用了锥度太大的锥形管； 3. 配管凹陷或接口未对齐； 4. 管子和管接头漏水
操纵方法	1. 混凝土排量过大； 2. 待料或停机时间过长
混凝土泵	1. 滑阀磨损过大； 2. 活塞密封和输送缸磨损过大； 3. 液压系统调整不当，动作不协调

泵，禁止使用已经离析或拌制后超过 90min 而未经任何处理的混凝土；严格按操作规程的规定操作。在混凝土输送过程中，当出现压送困难、泵的输送压力升高、输送管路振动增大等现象时，混凝土泵的操作人员首先应放慢压送速度，进行正、反转往复推动，辅助人员用木锤敲击弯管、锥形管等易发生堵塞的部位，切不可强制高速压送。

5. 堵管的排除

堵管后，应迅速找出堵管部位，及时排除。首先用木锤敲击管路，敲击时声音闷响说明已堵管。待混凝土泵卸压后，即可拆卸堵塞管段，取出管内堵塞混凝土。拆管时操作者勿站在管口的正前方，避免混凝土突然喷射。然后对剩余管段进行试压送，确认再无堵管后，才可以重新接管。

重新接入管路的各管段接头扣件的螺栓先不要拧紧（安装时应加防漏垫片），应待重新开始压送混凝土，把新接管段内的空气从管段的接头处排尽后，方可把各管段接头扣件的螺丝拧紧。

二、泵送施工中注意事项

（1）输送管道内吸入空气应立即进行反泵吸出混凝土，在料斗中重新搅拌、排除空气后再泵送。

（2）泵送压力突然升高且不稳定、油温升高、输送管有明显振动时等不正常现象时，不得强行泵送，应立即查明原因，及时排除故障。

（3）输送管被堵塞时可重复启动正泵和反泵，逐步吸出混凝土到料斗内搅拌后再泵送。必要时用木锤敲击堵塞部位，重复启动"正泵—反泵"，恢复畅通。当无效时应在混凝土卸压后，采用拆开管道清理和气洗相结合清除堵塞的混凝土。拆管前应反泵，释放（输送管内）压力，以免拆管时混凝土喷溅伤人，重新泵送前，应先排除管内空气后方可拧紧接头。

（4）高温季节施工时管道应有防阳光直接照射的措施，低温季节施工时应有保温防冻措施。

（5）当多台混凝土泵同时泵送或与其他输送方法组合输送混凝土时，应规定各自的输送能力、浇筑区域、浇筑顺序，要统一指挥，分工明确、相互配合。

复 习 思 考 题

7-1　混凝土泵的类型有哪些？其布置要求是什么？

7-2　泵送混凝土输送管有哪些？对布管有什么要求？

7-3　某建筑物采用混凝土泵车浇筑，泵车的最大出口泵压 $P_{max}=4.5MPa$，输送管直径为 125mm，每台泵车水平配管长度为 100m，装有 1 根软管，2 根 $R=0.5$ 的 45°弯管和 3 根 125→100mm 变径管。混凝土坍落度 $S=15cm$，混凝土在输送管内的流速 $V_2=0.56m/s$，试计算混凝土输送泵的输送距离，并验算泵送能力是否满足要求。

7-4　泵送混凝土对原材料要求有哪些？

7-5　什么是可泵性？泵送混凝土对坍落度、砂率、水灰比的要求是什么？

7-6　混凝土泵和管道清洗的方法有哪几种？

7-7　施工中管道堵塞的原因有哪些？应如何处理？

第八章 预应力混凝土施工

预应力混凝土是指在混凝土构件承受使用荷载前的制作阶段，预先对使用阶段的受拉区施加压应力。当构件承受使用荷载而产生拉应力时，首先抵消混凝土的预压应力。因此，可推迟混凝土裂缝的出现和开展。这种在结构构件承受荷载以前预先对受拉区混凝土施加压应力的结构构件，称为预应力混凝土构件。

第一节 预应力混凝土结构概述

预应力混凝土结构构件施工技术，包括预应力混凝土的组成材料性能、施工技术、张拉控制、锚具、锚固、灌浆封锚等技术。

一、预应力混凝土的基本原理

预应力混凝土，也即指预先施加了压应力的混凝土。其基本原理见图8-1。

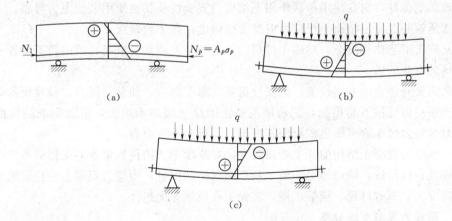

图8-1 预应力混凝土简支梁结构的基本原理

(a) 预应力作用；(b) 使用荷载作用；(c) 预应力和荷载共同作用

预应力混凝土是在混凝土构件承受外荷载之前，对其受拉区预先施加压应力，改变其受荷前内部应力状态而成为预应力混凝土结构。经过预压的混凝土，使原来抗拉弱、抗压强的脆性材料变为既能抗压又能抗拉的弹性材料。若预应力所产生的压应力可以部分或全部抵消外荷载产生的拉应力，则受拉区混凝土在正常使用状态下，将不受或少受拉应力的影响，从而减少或避免裂缝的出现。预应力技术充分利用了混凝土抗压强度高和钢筋抗拉强度高的特性，对混凝土预加应力，既改变了混凝土工作状态和应力分布，提高混凝土的抗拉能力，又能使高强钢材和混凝土共同工作并发挥两者的潜力。

二、预应力混凝土的优缺点

预应力混凝土与普通钢筋混凝土相比，具有以下所列优点：

（1）抗裂性好，刚度大。由于对构件施加预应力，在正常使用荷载作用下，构件可不出现裂缝，或使裂缝推迟出现，所以提高了构件的刚度，增加了结构的耐久性。

（2）节省材料，减小自重。预应力混凝土结构由于采用高强度钢材和高强度混凝土材料，因而在同等外荷载作用下，比普通钢筋混凝土结构减少钢筋用量或减小构件截面尺寸，节省钢材和混凝土，降低结构自重，对大跨度和重荷载结构有着明显的优越性。

（3）提高构件的抗剪能力。试验表明，纵向预应力钢筋起着锚栓的作用，阻碍着构件斜裂缝的出现与开展。预应力混凝土梁的钢筋合力的竖向分力将部分地抵消剪力，提高了构件的抗剪能力。

（4）提高受压构件的稳定性。当受压构件长细比较大时，在受到一定的压力后便容易被压弯，以致丧失稳定而破坏。如果对钢筋混凝土柱施加预应力，使纵向受力钢筋张拉得很紧，不但预应力钢筋本身不容易压弯，而且可以提高混凝土抵抗压弯的能力。

（5）提高构件的耐疲劳性能。因为构件具有预应力钢筋，在使用阶段因加荷或卸荷所引起的应力变化幅度相对较小，故此可提高抗疲劳强度，这对承受动荷载的结构来说是很有利的。

（6）结构质量安全可靠。预应力混凝土在施加预应力过程中，钢材和混凝土都要经受高应力的作用，这相当于对构件进行了一次负荷强度检验，如果钢筋在张拉、混凝土在受压时表现质量良好，则在使用荷载作用下结构的安全性及其他使用性能更为可靠。

与普通钢筋混凝土相比，预应力混凝土结构也存在下列缺点：

（1）施工工艺比较复杂，对施工过程的监控和施工质量要求高，因而需要配备一支技术较熟练的专业队伍。

（2）需要有一定的专门设备，如张拉机具、施工台座、油泵、锚具、灌浆设备等。

（3）预应力反拱不易控制，它将随混凝土的徐变增加而增大，可能影响结构使用效果。如对预应力吊车梁可能造成梁面不平顺，使行车不够顺畅。

（4）预应力混凝土结构的开工费用较大，对跨度小、构件数量少的工程成本较高。

合理地进行设计，精细地组织施工和严格地控制质量，预应力混凝土结构就能充分地发挥其跨度大、节省材料、压缩工期、确保工程质量等优越性。

三、预应力混凝土的分类

1. 加筋混凝土按结构分类

我国根据工程习惯，对以钢材为配筋的加筋混凝土结构系列，按其预应力度分为普通钢筋混凝土结构，部分预应力混凝土和全预应力混凝土结构等三类，其中预应力度为由预加应力大小决定的消压弯矩与由外荷载产生的弯矩的比值。

普通钢筋混凝土结构：非预应力结构，预应力度为0。

部分预应力混凝土结构：沿预应力筋方向的正截面允许出现拉应力或出现不超过规定宽度的裂缝，预应力度在0~1之间。部分预应力混凝土又分为A、B两类，A类指在使用荷载作用下，构件预压区混凝土正截面的拉应力不超过规定的容许值；B类指在使用荷载作用下，构件预压区混凝土正截面的拉应力允许超过规定的限值，但当裂缝出现时，其宽度不超过容许值。

全预应力混凝土结构：沿预应力筋方向的正截面不出现拉应力，预应力度大于或等于1。

2. 预应力混凝土结构的分类

预应力混凝土结构除按预应力度分为部分和全预应力混凝土外，根据其工艺、体系及构造特点可分为以下几类。

（1）按预应力施加工艺分类。预应力混凝土结构根据其预应力施加工艺可分为先张法和后张法两种。

1）先张法指利用台座在构件混凝土浇筑之前对预应力筋施加张拉力，使其在弹性范围内达到设计的伸长率后锚固在台座上，然后浇筑混凝土，待混凝土达到设计强度和龄期，放松锚固设备或切断钢筋，将施加在预应力筋上的拉力逐渐释放，在预应力筋回缩的过程中利用其与混凝土之间的黏结握裹力，对混凝土施加预应力。

先张法生产工艺简单、工序少、效率高、多用于在有永久性或半永久性张拉台座的预制构件厂内，成批生产定型的中、小型预应力构件。

2）后张法指在混凝土构件浇筑、养护待龄期和强度达到设计值后，利用预先在混凝土构件内设置的孔道穿入应力筋，以混凝土构件本身为支承在两端用张拉机具张拉预应力筋，使其达到设计张拉应力，然后用特制锚具将预应力筋锚固形成永久预加力，最后在预应力筋孔道内灌注混凝土封闭孔道、防止钢筋生锈并使预应力筋和混凝土黏结成整体。

后张法预留预应力筋孔道既可是直线，也可是曲线，且不需要永久性的张拉台座，张拉设备简单，便于现场施工，是制作大型应力混凝土构件的主要方法。

（2）按预应力体系和构造特点分类。根据预应力体系及构造特点，预应力混凝土结构可分为体内预应力、体外预应力、有黏结和无黏结预应力、预拉应力等。

1）体内预应力混凝土结构：指预应力筋布置在混凝土构件体内。先张预应力结构和预设孔道穿筋的后张预应力结构等都属此类。

2）体外预应力混凝土结构：指预应力筋布置在混凝土构件体外的预应力结构，如混凝土斜拉桥就属此类。

3）有黏结预应力混凝土结构：指沿预应力筋全长，预应力筋和混凝土黏结成为一个整体，混凝土对预应力筋具有握裹力的预应力混凝土结构。先张预应力结构和预设孔道穿筋压浆的后张预应力结构等。

4）无黏结预应力混凝土结构：指预应力筋不与混凝土黏结在一起的预应力结构。此类结构中预应力筋沿全长涂防锈材料，外套管道，预应力筋可在管道中伸缩变形自由。通常使用后张法施工工艺施工，但不压浆。

5）预拉应力混凝土结构：指在混凝土受压区预拉的预应力筋或其他施力措施，使混凝土产生预拉应力的结构。如和通常的预应力方式结合，将形成混凝土受拉区预压，受压区预拉的双向预应力体系，从而提高构件的抗弯能力。

四、预应力混凝土结构在工程中的应用

随着混凝土强度等级的不断提高，高强钢筋的进一步使用，预应力混凝土目前已广泛应用于大跨度建筑、高层建筑、桥梁、铁路、海洋、水利、机场、核电站等工程中。例如，黄河公路大桥、十一届亚运会体育场馆、大亚湾核电站的反应堆保护壳、耐高温高压的核电站大型压力容器、需防止海水腐蚀的海上采油平台、高 412.5m 的天津广播电视塔、高 468m 的上海东方明珠电视塔、广州 63 层的国贸大厦，预应力飞机跑道，以及预应力空心楼板、Ⅱ形屋面板、屋面大梁、屋架、吊车梁、预应力桥梁、铁路轨枕等已大量采用。在水工建筑中也已用来修建码头、栈桥、桩、闸门、调度室、压力水管、渡槽、圆形水池、工作桥、公路桥、水电站厂房的屋面梁及吊车梁等结构构件，加固大坝、衬砌隧洞等都采用了预应力混凝土技术。总之，预应力混凝土和预应力技术在工程中的应用是极其广泛而且将会得到进一步发展。

第二节　预应力混凝土结构材料

预应力混凝土结构须采用高强度的混凝土，同时配合高强度的钢筋，才能满足所需预应力的要求，所以，在不同的预应力混凝土结构施工过程中，选择好混凝土和钢材，是保证构件满足预应力结构设计要求的根本保证。

一、混凝土材料

混凝土的种类很多，对预应力混凝土结构而言，混凝土材料应满足相应的强度、刚度、收缩和徐变的设计指标。

1. 混凝土的强度要求

预应力混凝土应采用高强混凝土，并与相应的高强预应力筋相匹配。这样可以充分发挥强度，有效地减小构件截面尺寸和自重，以利于大跨径构件制作；高强混凝土具有较高的弹性模量和更小的弹性变形及塑性变形，可以减少预应力损失；另外高强混凝土具有更高的抗拉和抗压能力及与钢筋的黏结力，可推迟构件裂缝的出现，且有利于黏结后张和先张预应力筋的锚固。

预应力混凝土不仅应具有高强，而且应具有早强的性能，以便早日施加预应力，提高构件的生产效率的设备的使用率。预应力混凝土结构的混凝土强度等级不应低于 C30；当采用钢绞线、钢丝作预应力钢筋时，混凝土强度等级不宜低于 C40。且为保证混凝土有足够的耐久性，规范还规定最小水泥用量不宜少于 $300kg/m^3$。无黏结预应力混凝土结构的混凝土强度等级，对于板不应低于 C30，对于梁及其他构件不应低于 C40。

2. 预应力混凝土收缩和徐变

混凝土的收缩变形主要指其热胀冷缩、湿胀干缩和混凝土硬化过程中的收缩。其中混凝土硬化收缩变形随时间的延长而增加。试验表明，混凝土的收缩变形与混凝土的强度、水泥的品种和用量、水灰比、骨料性质、养护条件、构件几何尺寸及构件所处环境等因素有关。

混凝土的徐变指结构构件在荷载长期作用下变形随时间的推移而增大的现象。影响混凝土徐变变形大小的因素主要有荷载应力大小、混凝土的品质、加载时龄期、加载延续时间、构件所处环境等。

混凝土的收缩和徐变将使构件缩短，从而引起预应力钢筋产生较大的预应力损失，这对预应力混凝土结构是非常不利的，必须予以高度重视。

3. 预应力混凝土的配制

配制强度高和收缩、徐变小的混凝土，应尽可能采用高强度等级水泥、减少水泥用量、降低水灰比，选用优质骨料。具体配制要求如下：采用硅酸盐水泥，选用合适的掺加料，水灰比控制在 0.5 以下，用水量不超过 $150kg/m^3$，适当减少水泥用量、但应控制水泥用量不低于 $300kg/m^3$，混凝土坍落度小于 10mm。

二、预应力筋

1. 预应力钢筋须满足的要求

常用的预应力筋有钢丝、钢绞线、热处理钢筋等。要求强度高，以利于有效地建立预应力。要有较好的延性以确保结构在破坏前有较大的变形能力，以避免结构出现脆性破坏。有良好的焊接性能以保证预应力粗钢筋加工质量及其使用性能。具有较好的黏结性能，以满足混凝土与钢筋的握裹和黏结要求，确保混凝土和钢筋的共同工作效果。

2. 预应力钢筋的类型

（1）高强钢丝。消除应力钢丝是指钢丝在塑性变形下（轴应变）进行短时热处理后的低松弛钢丝（WLR），或钢丝通过矫直工序后在适当温度下进行短时热处理后的普通松弛钢丝（WNR），所谓松弛，是指钢材在高应力作用下其长度保持不变，应力随时间而减小的现象。消除应力钢丝按其外形可分为光面、螺旋肋和刻痕钢丝三种，分别用 P、H、I 表示，如图 8-2、图 8-3 所示。

冷拉钢丝（WCD）是指用盘条通过拔丝模或轧辊经冷加工而成的，以盘卷供货的钢丝。

【例 8-1】 直径为 4.00mm，抗拉强度为 1670MPa 的冷拉光圆钢丝，其标记为：

预应力钢丝标记：4.00-1670-WCD-P

【例 8-2】 直径为 7.00 mm，抗拉强度为 1570MPa 的低松弛螺旋肋钢丝，其标记为：

预应力钢丝标记：7.00-1570-WLR-H

预应力钢丝除具有强度高，易于制备，便于运输的特点外，在应用上可以根据需要组成不同钢丝根数钢丝束，甚至于可以用 7 根平行钢丝为一组制成无黏结束，且柔性好，便于成型或穿束，适用于作为曲线型预应力筋。

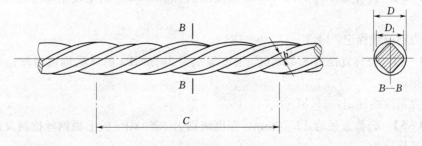

图 8-2 螺旋肋钢丝外形示意图

（2）钢绞线。是指由冷拉光圆钢丝或刻痕钢丝捻制的用于预应力混凝土结构的钢

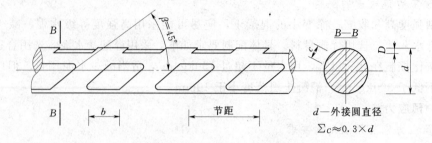

图 8-3　三面刻痕钢丝外形示意图

绞线。

钢绞线按其加工方式有由冷拉光圆钢丝制成的标准型钢绞线、由刻痕钢丝捻制成的刻痕钢绞线和捻制后再经冷拔成的模拔钢绞线三种。

钢绞线按结构又分为 5 类：用两根钢丝捻制的钢绞线（代号 1×2）、用三根钢丝捻制的钢绞线（代号 1×3）、用三根刻痕钢丝捻制的钢绞线（代号 1×3I）、用七根钢丝捻制的标准型钢绞线（代号 1×7）、用七根钢丝捻制又经模拔的钢绞线［代号（1×7）C］。其结构型式如图 8-4、图 8-5、图 8-6 所示。

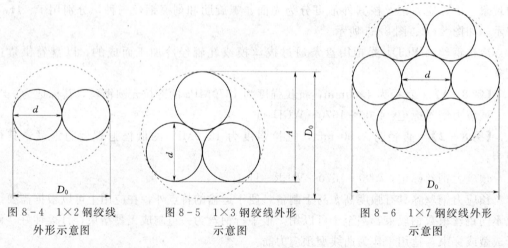

图 8-4　1×2 钢绞线　　　图 8-5　1×3 钢绞线外形　　　图 8-6　1×7 钢绞线外形
　　　外形示意图　　　　　　　　示意图　　　　　　　　　　　示意图

【例 8-3】　公称直径为 15.20mm，强度级别为 1860MPa 的七根钢丝捻制的标准型钢绞线标记为：

预应力钢绞线标记：1×7-15.20-1860

【例 8-4】　公称直径为 8.74mm，强度级别为 1670MPa 的三根刻痕钢丝捻制的钢绞线标，其标记为：

预应力钢绞线标记：1×3I-8.74-1670

【例 8-5】　公称直径为 12.70mm，强度级别为 1860MPa 的七根钢丝捻制又经模拔的钢绞线，其标记为：

预应力钢绞线标记：（1×7）C-12.70-1860

（3）钢棒。预应力混凝土用钢棒（PCB）指直径为 6～16mm 的低合金钢热轧圆盘条经冷加工（或不经冷加工）淬火和回火而成的钢材。按其外形划分主要有横截面为圆形的光圆钢棒（P）；沿着表面纵向，具有规则间隔的连续螺旋凹槽的螺旋槽钢棒（HG）；沿着表面纵向，具有规则间隔的连续螺旋凸肋的螺旋肋钢棒（HR）；沿着表面纵向，具有规则间隔的横肋的带肋钢棒（R）等四类。钢棒的低松弛和普通松弛性质分别用 L、N 表示。如图 8-7～图 8-11 所示。

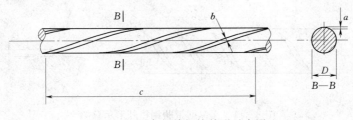

图 8-7　3 条螺旋钢棒外形示意图

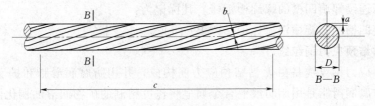

图 8-8　6 条螺旋钢棒外形示意图

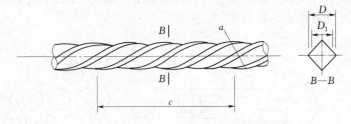

图 8-9　螺旋肋钢棒外形示意图

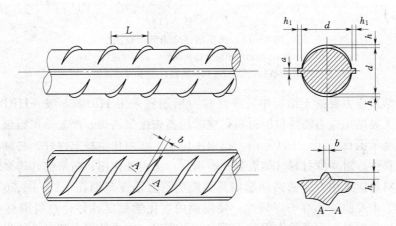

图 8-10　有纵肋带肋钢棒外形示意图

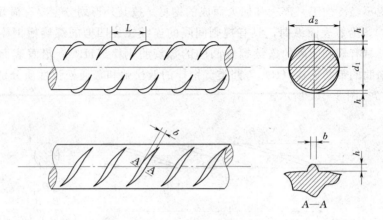

图 8-11　无纵肋带肋钢棒外形示意图

【例 8-6】　如公称直径为 9mm，公称抗拉强度为 1420MPa，35 级延性，低松弛预应力混凝土用连续螺旋凹槽的螺旋槽钢棒，其标记为：

连续螺旋凹槽的螺旋槽钢棒标记：PCB9-1420-35-L-HG

三、无黏结预应力钢绞线

无黏结预应力钢绞线是由无黏结预应力筋构成，并用防腐润滑脂和护套涂包的钢绞线。其中，防腐润滑脂是用脂肪酸混合金属皂将深度精制的矿物润滑油稠化而成，并加入了多种添加剂，具有防锈防蚀性能。护套指包裹在钢绞线和防腐润滑脂外的塑料套管，用以保护预应力钢绞线不受腐蚀，并防止与周围混凝土之间发生黏结，使预应力筋与其周围混凝土间可永久地相对滑动，如图 8-12 所示。

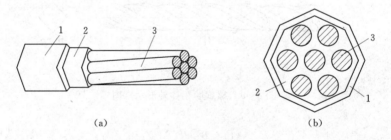

图 8-12　无黏结预应力筋示意图
(a) 无黏结预应力筋；(b) 截面示意图
1—聚乙烯塑料套管；2—保护油脂；3—钢绞线或钢丝束

在无黏结预应力混凝土结构中，非预应力钢筋宜采用 HRB335 级、HRB400 级热轧带肋钢筋。无黏结预应力筋外包层材料，应采用高密度聚乙烯，严禁使用聚氯乙烯。其性能应满足温度范围在 -20～+70℃ 内，低温不脆化，高温化学稳定性好；必须具有足够的韧性、抗破损性；对周围材料（如混凝土、钢材）无侵蚀作用；防水性好等要求。无黏结预应力筋涂料层应采用专用防腐油脂，其性能应符合温度范围在 -20～+70℃ 内，不流淌、不裂缝、不变脆，并有一定韧性；使用期内，化学稳定性好；对周围材料（如混凝土、钢材和外包材料）无侵蚀作用；不透水、不吸湿、防水性好；防腐性能好；润滑性能好，摩阻力小的要求。

第三节　预应力筋用锚具、夹具和连接器

一、基本概念

1. 基本定义

锚具指在后张法结构或构件中，为保持预应力筋的拉力并将其传递到混凝土上所用的永久性锚固装置，按其作用可分为两类：

张拉端锚具：安装在预应力筋端部且可用来张拉的锚具。

固定端锚具：安装在预应力筋端部，通常埋入混凝土中且不用以进行张拉的锚具。

夹具是指在先张法构件施工时，为保持预应力筋的拉力并将其固定在生产台座（或设备）上的临时性锚固装置；在后张法结构或构件施工时，在张拉千斤顶或设备上夹持预应力筋的临时性锚固装置（又称工具锚）。

连接器是用于连接预应力筋的装置。

此外还有预应力筋与锚具等组合装配而成的受力单元，如预应力筋—锚具组装件、预应力筋—夹具组装件、预应力筋—连接器组装件等。

2. 分类及其代号标记

锚具、夹具和连接器按锚固方式不同，可分为夹片式（单孔和多孔夹片锚具）、支承式（镦头锚具、螺母锚具等）、锥塞式（钢质锥形锚具等）和握裹式（挤压锚具、压花锚具等）四种。

锚具、夹具或连接器的总代号分别用汉语拼音字母 M、J、L 表示；各类锚固方式的分类代号，如表 8-1 所示。

表 8-1　　　　　　　　　　锚具、夹具和连接器的代号

分 类 代 号		锚 具	夹 具	连 接 器
夹片式	圆形	YJM	YJJ	YJL
	扁形	BJM		
支承式	镦头	DTM	DTJ	DTL
	螺母	LMM	LMJ	LML
锥塞式	钢质	GZM	—	—
	冷铸	LZM	—	—
	热铸	RZM	—	—
握裹式	挤压	JYM	JYJ	JYL
	压花	YHM	—	—

锚具、夹具或连接器的标记由产品代号、预应力钢材直径、预应力钢材根数三部分组成。

【例 8-7】　如锚固 12 根直径 15.2mm 预应力混凝土用钢绞线的圆形夹片式群锚锚

具，标记为 YJM15-12。

【例8-8】 如锚固12根直径12.7 mm钢绞线，用于固定端的挤压式锚具，标记为 JYM13-12。

【例8-9】 用挤压头方法连接12根直径15.2 mm钢绞线的连接器，标记为 JYL 15-12。

3. 锚具、夹具和连接器应满足的要求

锚具应满足分级张拉、补张拉和放松拉力等张拉工艺的要求。锚固多根预应力筋的锚具，除应具有整束张拉的性能外，尚宜具有单根张拉的可能性。

夹具应具有良好的自锚性能、松锚性能和安全的重复使用性能。主要锚固零件宜采取镀膜防锈。需敲击才能松开的夹具，必须保证其对预应力筋的锚固没有影响，且对操作人员安全不造成危险。

在先张法或后张法施工中，在张拉预应力后永久留在混凝土或构件中的连接器，都必须符合锚具的性能要求；在张拉后还须放张和拆卸的连接器，必须符合夹具的性能要求。

锚具、夹具和连接器应具有可靠的锚固性能、足够的承载能力和良好的适用性，以保证充分发挥预应力筋的强度，并安全地实现预应力张拉作业。

4. 锚具的选用

锚具的选用应根据结构要求、产品技术性能和张拉施工方法，按表8-2进行选用。

表8-2　　　　　　　　　　　　　　　锚具种类及其应用

预应力筋品种	选用锚具形式		
	张拉端	固定端	
		安装在结构之外	安装在结构之内
钢绞线及钢绞线束	夹片锚具	夹片锚具　挤压锚具	压花锚具　挤压锚具
高强钢丝束	夹片锚具	夹片锚具	挤压锚具　镦头锚具
	镦头锚具	镦头锚具	
	锥塞锚具	挤压锚具	
精轧螺纹钢筋	螺母锚具	螺母锚具	—

二、锚具

1. 夹片式锚具

预应力筋用锚具（夹片式）是目前采用的主要预应力结构的核心部件，广泛应用于铁路公路桥梁，房屋构造建筑，水利枢纽，核电厂房等大型基础建设项目。

这种锚具由锚环和夹片组成，锚环与预埋承压垫板连接，可锚固钢绞线或钢丝束。夹片块数与预应力钢筋或钢绞线的根数相同，张拉时，每个锥孔放置一根钢绞线，张拉后各自用夹片将孔中的该根钢绞线抱夹锚固，每个锥孔各自成为一个独立的锚固单元。所以其特点是各根钢绞线均独立工作，任何一组夹片滑移、碎裂或钢绞线拉断，都不会影响同束中其他钢绞线的锚固，只需对失效锥孔内的钢绞线进行补拉即可。

夹片呈楔形，上有两个圆弧形槽，槽内有齿纹，依靠摩擦力锚固预应力钢筋，通过夹片的楔入作用将承压力传给锚环，再由锚环挤压混凝土。如图 8-13～图 8-16 所示。

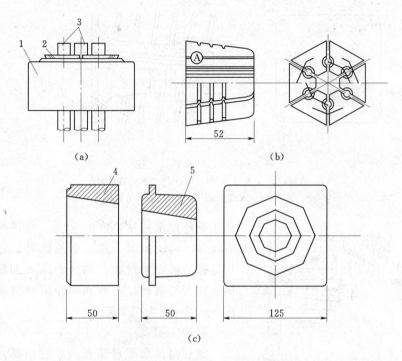

图 8-13　YJM 型锚具（一）

（a）YJM 型锚具；（b）夹片；（c）锚环

1—锚环；2—夹片（两片）；3—钢筋束和钢绞线束；4—圆钳环；5—方锚环

夹片式锚具在锚固过程，钢绞线受到约 200kN 的拉力作用而向左侧方向移动，夹片由于其螺纹牙与钢绞线之间的咬合作用也跟随钢绞线向左侧移动，夹片的外锥表面在锚环锥孔内向左侧方向滑移，这样就形成了楔效应。夹片式锚具的结构型式可以使钢绞线在短位移内（<6mm）达到锚固状态。

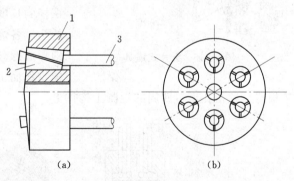

图 8-14　YJM 型锚具（二）

（a）装配图；（b）锚板

1—锚板；2—夹片（三片）；3—钢绞线

2. 支承式锚具

镦头式锚具。镦头式锚具有钢丝束镦头锚具和单根镦头夹具。钢丝束镦头锚具分 A 型和 B 型。A 型由锚环和螺母组成，用于张拉端。B 型为锚板，用于固定端。镦头锚具是利用钢丝的粗镦头来锚固预应力钢丝的。其特点是锚固性能可靠，锚固力大，张拉操作方便。但要求钢筋或钢丝束的长度有较高的精度。

单根粗钢筋的镦头一般直接在预应力筋端部热镦、冷镦或锻打成型；钢丝用液压冷镦器进行镦头。钢丝束一端可在制束时将镦头做好，另一端则待穿束后镦头，镦头强度不得

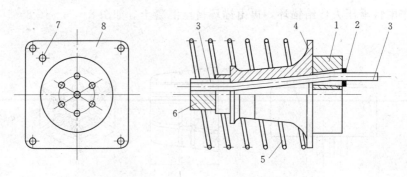

图 8-15　YJM 型锚具（三）

1—锚板；2—夹片；3—钢绞线；4—喇叭形铸铁垫板；

5—弹簧管；6—波纹管；7—灌浆孔；8—锚垫板

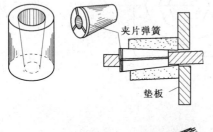

图 8-16　夹片式锚具

低于钢丝规定抗拉强度的 98%。锚环的内外壁均有丝扣，内丝扣用于连接张拉螺杆，外丝扣用于拧紧螺母锚固钢丝束，锚环和锚板四周钻孔，以固定镦头的钢丝，孔数和间距由钢丝根数定。如图 8-17～图 8-19 所示。

3. 螺母锚具

螺母锚具属螺母锚具类，它由螺丝端杆、螺母和垫板三部分组成。适用于直径 18～36mm 的预应力钢筋，如图 8-20 所示。锚具长度一般为 320mm，当为一端张拉或预应力筋的长度较长时，螺杆的长度应增加 30～50mm。在单根预应力钢筋的两端各焊上一短段螺丝端杆，套以螺帽和垫板，即形成螺丝端杆锚具。预应力钢筋通过螺丝端杆螺纹斜面上的承压力将预拉力传到螺帽，再经过垫板传至预留孔道口四周的混凝土构件上。

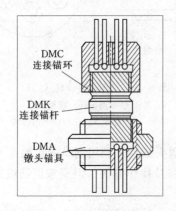

图 8-17　镦头锚具构造图

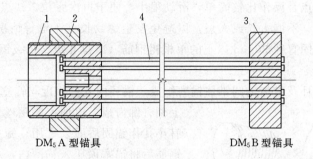

DM₅A 型锚具　　　　　DM₅B 型锚具

图 8-18 钢线束镦头锚具

1—锚环；2—螺母；3—锚板；4—钢丝束

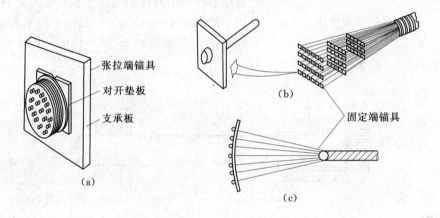

图 8-19 镦头锚具

（a）张拉端锚具；（b）分布式固定端锚具；（c）集中式固定端锚具

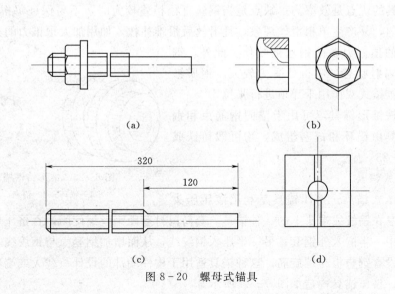

图 8-20 螺母式锚具

这种锚具的优点是操作比较简单，滑动很小，便于再次张拉。缺点是对预应力钢筋长度的精确度要求高，不能太长或太短，以避免发生螺纹长度不够等情况。可用于先张法、后张法或电热法锚固直径 36mm 以下的单根粗钢筋（冷拉Ⅱ级、Ⅲ级钢筋）。

4. 锥形锚具

锥形锚具由锚环及带齿的圆锥体锚塞组成，锚环内孔的锥度与锚塞的锥度一致。锚塞

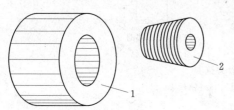

图 8-21 锥形锚具
1—锚环；2—锚塞

上刻有细齿褶，以便夹紧钢丝防止滑动，中间留有小孔作锚固后灌浆之用。施工时用千斤顶张拉钢筋后将锚塞顶压入锚圈内，利用钢丝在锚塞和锚环之间的摩擦力锚固钢丝。预应力钢筋依靠摩擦力将预拉力传到锚环，再由锚环通过承压力和黏结力将预压力传到混凝土构件上。这种锚具可用于锚固多根直径为 5～12mm 的平行钢丝束，或者锚固多根直径为 13～15mm 的平行钢绞线束，如图 8-21、图 8-22 所示。

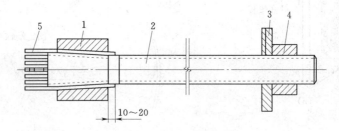

图 8-22 锥形螺杆锚具
1—套筒；2—锥形螺杆；3—垫板；4—螺母；5—钢丝束

锥形锚具的优点是效率高；缺点是当钢丝直径相差较大时，不易保证每根钢筋（丝）中的应力均匀，易产生单根滑丝现象，且滑丝后很难补救，如用加大顶锥力的办法防止滑丝，则过大的顶锥力易使钢丝被咬伤。此外，钢丝锚固时呈辐射状态，弯折处受力较大。钢质锥形锚具要用锥锚式双作用千斤顶进行张拉。

可锻铸铁锥形锚具，可用于锚固钢筋束和钢绞线束。锚具由锚环和锚塞组成，均可锻铸铁成型。见图 8-23。

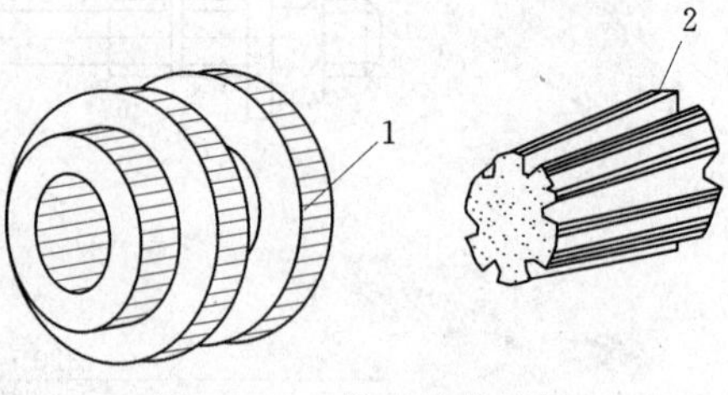

5. 握裹式锚具

（1）挤压式锚具。挤压锚具是利用液压压头机将套筒挤紧在钢绞线端头上的一种锚具。套筒内衬有硬钢丝螺旋圈，在挤压后硬钢丝全部脆断，其中一半嵌入外钢套；另一半压入钢绞线，从而增加钢套筒与钢绞线之间的摩阻力。锚具下设有钢垫板与螺旋筋。这种锚具适用于构件端部的设计荷载大或端部尺寸受到限制的情况。挤压锚具构造如图 8-24 所示。

图 8-23 锥形铸铁锚具
1—锚环；2—锚塞

（2）压花锚具。压花锚具是利用液压压花机将钢绞线端头压成梨形散花状的一种锚

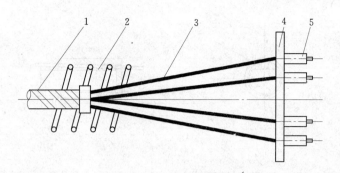

图 8-24　挤压锚具的构造

1—波纹管；2—螺旋筋；3—钢绞线；4—钢垫板；5—挤压锚具

具。梨形头的尺寸对于 ϕ15 钢绞线不小于 ϕ95mm×150mm。多根钢绞线梨形头应分排埋置在混凝土内。为提高压花锚四周混凝土及散花头根部混凝土抗裂强度，在散花头的头部配置构造筋，在散花头的根部配置螺旋筋，压花锚距构件截面边缘不小于 30cm。第一排压花锚的锚固长度，对 ϕ15 钢绞线不小于 95cm，每排相隔至少 30cm。多根钢绞线压花锚具构造如图 8-25 所示。

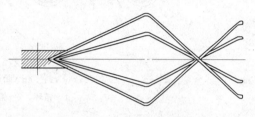

图 8-25　压花锚具

三、夹具和连接器

1. 夹具

夹具应具有良好的自锚性能、松锚性能和安全的重复使用性能。夹具一般由施工单位自行加工，故要求零件的互换性强，结构简单，易于加工。一般对于冷拉钢筋，可采用螺丝端杆夹具、镦粗头夹具或夹片式夹具；钢绞线采用夹片式夹具；冷拔钢丝采用镦头式夹具、齿板式锥形夹具或槽式锥形夹具。如图 8-26～图 8-31 所示。

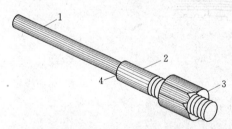

图 8-26　螺丝端杆夹具

1—钢筋；2—螺丝端杆；3—螺帽；4—焊接接头

2. 连接器

连接器作为接长预应力筋或钢丝束、钢绞线等，通常用于连续梁中。线杆连接器可用于钢绞线与精轧螺纹钢的连接，可反复多次使用。如图 8-32～图 8-35 所示。

四、液压千斤顶

预应力张拉机构由预应力用液压千斤顶和供油的高压油泵组成。液压千斤顶常用的有：穿心式千斤顶、锥锚式千斤顶及拉杆式千斤顶。

1. 穿心式千斤顶

穿心式千斤顶中轴线上有通长的穿心孔，可以穿入预应力筋或拉杆。此类千斤顶主要用于群锚及 JM 锚预应力张拉，还可配套拉杆、楼脚，用于墩头锚具及冷铸锚预应力张拉。

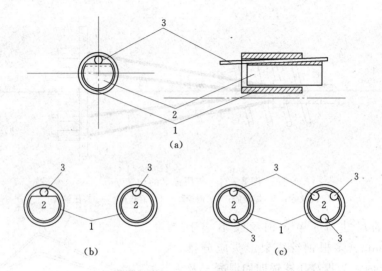

图 8-27　圆锥形夹具

(a)、(b) 齿板式；(c) 槽式

1—锚环；2—锥形销子；3—钢丝

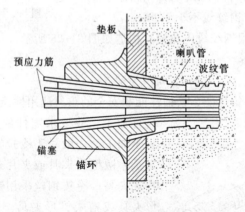

图 8-28　锥塞式夹具

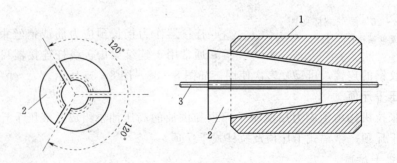

图 8-29　穿心式夹具

1—锚环；2—夹片；3—钢筋（钢绞线）

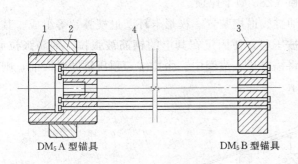
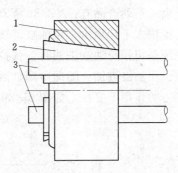

DM₅A 型锚具　　　　　　　　DM₅B 型锚具

图 8-30　钢线束镦头夹具
1—锚环；2—螺母；3—锚板；4—钢丝束

图 8-31　夹片式夹具
1—锚环；2—夹片；3—预应力筋

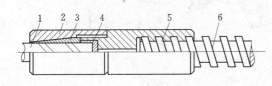
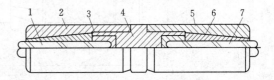

图 8-32　线杆连接器
1—钢绞线；2—工具锚环；3—工具夹片；4—弹簧；
5—连接螺母；6—精轧螺纹钢

图 8-33　钢绞线连接器
1、7—钢绞线；2、5—工具锚环；3—弹簧；
4—连接杆；6—工具夹片

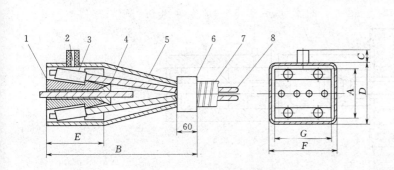
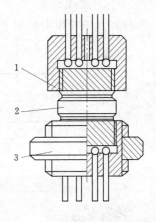

图 8-34　扁锚连接器结构图
1—连接体；2—灌浆孔；3—挤压头；4—夹片；5—保护罩；
6—约束圈；7—波纹管；8—钢绞线

图 8-35　镦头连接器结构图
1—DMC 连接锚环；2—DMK 连
接锚杆；3—DMA 镦头锚具

　　穿心式千斤顶是适应性较强的一种千斤顶，能张拉钢绞线、钢丝束、螺纹钢、圆钢筋，还能配套卡具等附件，用作顶推、起重、提升等用。目前，国内厂家生产的牌号 YCQ 系列千斤顶、YC 系列千斤顶、YCD 及 YCW、YDN 等系列千斤顶均属于穿心式液压千斤顶。还有 YCQ20 型前卡式千斤顶，多用于单根钢绞线张拉及事故处理。

　　2. 锥锚式千斤顶
　　锥锚式千斤顶是具有张拉、顶锚和退楔功能三作用的千斤顶，用于张拉带锥形锚具的钢丝束。系列产品有：YZ38、YZ60 和 YZ85 型千斤顶。

　　锥锚式千斤顶由张拉油缸、顶压油缸、退楔装置、楔形卡环、退楔翼片等组成。其工作原理是当张拉油缸进油时，张拉缸被压移，使固定在其上的钢筋被张拉。钢筋张拉后，改由顶压油缸进油，随即由副缸活塞将锚塞顶入锚圈中。张拉缸、顶压缸同时回油，则在弹簧力的作用下复位；如图 8-36 所示。

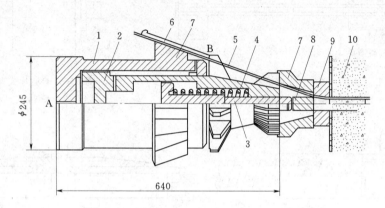

图 8-36　锥锚式千斤顶结构图

1—张拉油缸；2—顶压油缸（张拉活塞）；3—顶压活塞；4—弹簧；
5—预应力筋；6—楔块；7—对中套；8—锚塞；9—锚环；10—构件

3. 拉杆式千斤顶

拉杆式千斤顶主要用于张拉力大的钢筋张拉，其结构如图 8-37 所示。

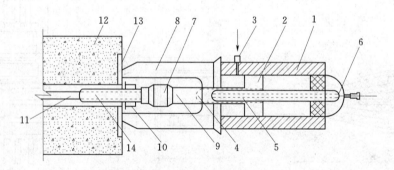

图 8-37　拉杆式千斤顶结构图

1—主油缸；2—主缸活塞；3—进油孔；4—回油缸；5—回油活塞；6—回油孔；
7—连接器；8—传力架；9—拉杆；10—螺母；11—预应力筋；
12—混凝土构件；13—预埋铁板；14—螺丝端杆

　　拉杆式千斤顶在张拉前，先将连接器旋在预应力的螺丝端杆上，相互连接牢固。千斤顶由传力架支承在构件端部的钢板上。张拉时，高压油进入主油缸推动主缸活塞及拉杆，通过连接器和螺丝端杆，预应力筋被拉伸。当张拉力达到规定值时，拧紧螺丝杆上的螺母，此时张拉完成的预应力筋被锚固在构件的端部。锚固后回油缸进油，推动回油活塞工作，千斤顶脱离构件，主缸活塞、拉杆和连接器回到原始位置。最后，将连接器从螺丝端杆上卸掉，卸下千斤顶，张拉结束。目前，常用的千斤顶型号 YL60 型拉杆式千斤顶、YL400 和 YL500 型拉杆式千斤顶等。

第四节 预应力混凝土施工

预应力混凝土施工主要工序为混凝土制作及浇筑，预应力筋孔道预留、预应力筋制作及安装、预应力筋张拉、灌浆、质量控制等。

一、混凝土的制作

预应力混凝土的强度等级不低于 C30；应力集中区的混凝土强度等级不得低于 C40；处于侵蚀性介质或承受高压水头的混凝土不得出现裂缝。混凝土配合比的计算方法和步骤按第一章所述进行。

二、预应力筋的制备

（一）预应力筋的进场验收和存放

预应力筋进场时，首先检查其产品合格证、产品出厂检验报告是否具备，检验项目、质量指标是否符合有关规范规定的要求，并进行进行外观检查。预应力筋的运输时要严密覆盖，存放应有仓库，周围不得有腐蚀介质，且应架空堆放。如库存时间较长，须进行表面防锈处理。

（二）预应力筋的下料及镦头

预应力筋的断料一般要求用砂轮锯或切断机切断，对于较细的钢丝，可用手动断线钳或机动剪子断料。预应力筋的断料不得采用电弧切割，以避免钢材强度在温度影响下发生变化。

钢筋镦头及后张法固端制作。预应力筋（丝）采用镦头夹具时，镦头须进行镦粗。镦粗的方法分热镦和冷镦两种工艺。热镦时，应先除去端头 15～20cm 范围内的锈迹、矫直、端面磨平，再夹入模具，并留出 $1.5～2.0d$ 的镦头留量，使钢筋头与紫铜棒相接触，在一定压力下进行多次脉冲式通电加热，待端头发红变软时，即转入交替加压，直至预留的镦头留量完全压缩为止，镦头外径一般为 $1.5～1.8d$。冷镦时，机械式镦头要调整好镦头模具与夹具间的距离，使钢筋有一定的镦头留量，光面、螺旋肋和刻痕钢丝的留量分别为 8～9mm、10～11mm 和 12～13mm。液压式镦头留量为 $1.5～2.0d$，要求下料长度一致。$\phi25mm$ 以上粗钢筋宜用汽锤镦头。

后张法固端制作要求。预应力筋固端制作在后张法施工中是极为重要的一道工序，因为制作完成的固端锚具一般都埋在混凝土结构内部，无法更换，因而不允许失效。

（三）预应力筋下料长度计算

预应力筋的下料长度计算时，应综合考虑预应力钢材品种，锚夹具形式规格、千斤顶长度、焊接接头或镦头的预留量、冷拉伸长率、弹性回缩值、张拉伸长值、台座长度、结构的孔道长度，构件间的距离以及张拉设备、施工工艺方法等因素。

1. 先张法预应力筋的下料长度计算

（1）台座承力张拉。如图 8-38 所示，当一端采用镦头夹具；另一端采用锥形夹具，用 YC-20 型穿心式千斤顶张拉时，预应力筋的下料长度 L 可按式（8-1）、式（8-2）

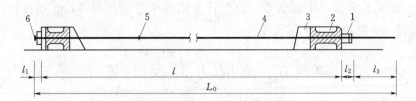

图 8-38　台座承力张拉预应力筋下料长度计算示意图

1—夹具；2—横梁；3—台座承力支架；4—预应力钢筋；5—对焊接头；6—镦粗头

计算：

$$L=\frac{L_0}{1+r-\delta}+n\Delta \tag{8-1}$$

$$L_0=l+l_1+l_2+l_3+（30-50） \tag{8-2}$$

式中　　L_0——预应力钢筋冷拉后需要长度；

l——张拉台座长度（包括横梁）；

l_1——镦粗头长度（包括锚板）；

l_2——夹具长度；

l_3——千斤顶需要长度（顶脚至尾部夹具末端之间的距离）；

（30-50）——钢筋伸出夹具外的长度，mm；

r——预应力钢筋冷拉伸长率（由试验确定）；

δ——预应力钢筋冷拉后的弹性回缩率（由试验确定）；

n——对焊接头的数量；

Δ——每个对焊接头的压缩长度。

（2）模板承力张拉预应力筋下料长度计算：

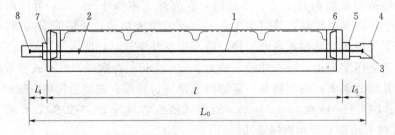

图 8-39　模板承力张拉预应力筋下料长度计算简图

1—预应力钢筋；2—对焊接头；3—镦粗头；4—张拉夹具；5、7—垫板；6—承力模板；8—固定端夹具

如图 8-39 所示，当两端采用镦头夹具，用拉杆式千斤顶张拉时，下料长度按式（8-3）、式（8-4）计算：

$$L=\frac{L_0}{1+r-\delta}+n\Delta \tag{8-3}$$

$$L_0=l+l_4+l_5 \tag{8-4}$$

式中　l——承力模板长度；

l_4——固定端预应力筋伸出模板外长度（包括垫板厚度、锚固长度和镦头压缩长度之和）；

l_5——张拉端预应力筋伸出模板外长度（包括垫板厚度、锚固长度和镦头压缩长度之和）；

其他符号意义同前。

（3）长线台座粗钢筋下料长度计算：

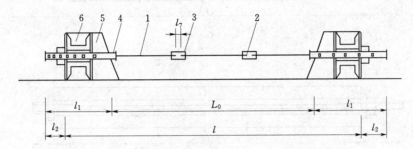

图 8-40　长线台座分段冷拉钢筋下料长度计算简图

1—分段预应力筋；2—镦头；3—钢筋连接器；4—螺丝端杆连接器；5—台座承力架；6—横梁

如图 8-40 所示，长线台座粗钢筋下料长度按式（8-5）、式（8-6）计算

$$L=\frac{L_0}{1+r-\delta}+m\Delta+2ml_8 \tag{8-5}$$

$$L_0=l+2l_2-2l_1-(m-1)l_7 \tag{8-6}$$

式中　l——长线台座长度（包括横梁、定位板）；

　　　l_1——螺丝端杆长度（一般为 320mm）；

　　　l_2——螺丝端杆伸出构件外的长度。对张拉端 $l_2=2H+h+0.5\text{cm}$；对固定端 $l_2=H+h+1\text{cm}$；

　　　H——锚环高度；

　　　h——锚环底部厚度或锚板厚度；

　　　l_7——钢筋连接器中间部分的长度；

　　　l_8——每个镦头的压缩长度；

　　　m——钢筋分段数；

其他符号意义同前。

2. 后张法预应力筋的下料长度计算

（1）冷拉钢筋下料长度计算。用螺丝端杆锚具，以拉杆或千斤顶在构件上张拉时，按如图 8-41（a）所示尺寸，下料长度可按式（8-7）、式（8-8）计算。

1）两端用螺丝端杆锚具时 ［图 8-41（a）］：

$$L=\frac{L_0}{1+r-\delta}+n\Delta \tag{8-7}$$

$$L_0=l+2l_2-2l_1 \tag{8-8}$$

式中各符号意义同前。

2）一端用螺丝端杆，另一端用帮条（或镦头）锚具时 ［图 8-41（b）］，按图 ［8-41（b）］所示尺寸，下料长度可按式（8-9）、式（8-10）计算

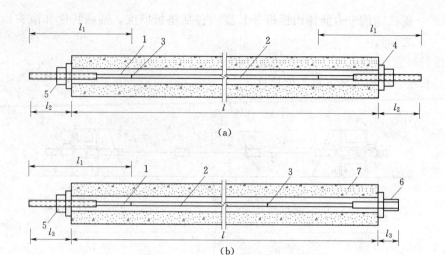

图 8-41　冷拉钢筋下料长度计算简图

(a) 两端用螺丝端杆锚具时；(b) 一端用螺丝端杆锚具时

1—螺丝端杆；2—预应力筋；3—对焊接头；4—垫板；5—螺母；

6—帮条锚具；7—混凝土构件

$$L = \frac{L_0}{1+r-\delta} + n\Delta \qquad (8-9)$$

$$L_0 = l + l_2 + l_3 - l_1 \qquad (8-10)$$

式中　l_3——镦头或帮条锚具长度（包括垫板厚度 h）；

其他符号意义同前。

(2) 钢丝束下料长度计算：

1) 采用钢质锥形锚具，以锥锚式千斤顶在构件上张拉

按图 8-42 所示尺寸，钢丝束的下料长度可按式 (8-11)、式 (8-12) 计算：

当两端张拉时　　　　　　　$L = l + 2(l_1 + l_2 + 80)$　　　　(8-11)

当一端张拉时　　　　　　　$L = l + 2(l_1 + 80) + l_2$　　　　(8-12)

式中　l——构件的孔道长度；

l_1——锚环厚度；

l_2——千斤顶分丝头至卡盘外端距离。

2) 采用镦头锚具，以拉杆式或穿心式千斤顶在构件上张拉。

如图 8-43 所示钢丝束的下料长度应考虑钢丝束张拉锚具后螺母位于锚环中部，其下料长度按式 (8-13) 计算

$$L = l + 2(h+\delta) - K(H - H_1) - \Delta L - C \qquad (8-13)$$

式中　h——锚环底部厚度或锚板厚度；

δ——钢丝镦头留量；

K——系数，一端张拉时取 0.5，两端张拉时取 1.0；

H——锚环高度；

H_1——螺母高度；

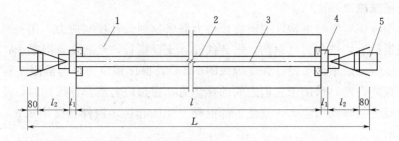

图 8-42　采用钢质锥形锚具时钢丝束的下料长度计算简图

1—混凝土构件；2—孔道；3—钢丝束；4—钢质锥形锚具；5—锥锚式千斤顶

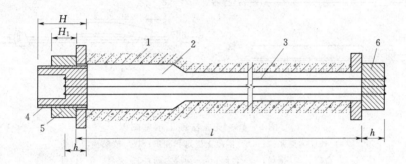

图 8-43　采用镦头锚具时钢丝束下料长度计算简图

1—混凝土构件；2—孔道；3—钢丝束；4—锚环；5—螺母；6—锚板

ΔL——钢丝束张拉伸长值（由设计给出）；

C——张拉时构件混凝土的弹性压缩量（由设计给出）。

（3）钢绞线下料长度计算。采用夹片式锚具，以穿心式千斤顶在构件上张拉时，按如图 8-44 所示尺寸，钢绞线束的下料长度可按式（8-14）、式（8-15）计算：

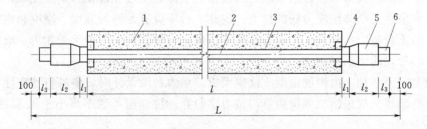

图 8-44　钢绞线下料长度计算简图

1—混凝土构件；2—钢绞线；3—孔道；4—夹片式工作锚；

5—穿心式千斤顶；6—夹片式工具锚

当两端张拉时　　　　　　　　$L = l + 2(l_1 + l_2 + l_3 + 100)$　　　　　　（8-14）

当一端张拉时　　　　　　　　$L = l + 2(l_1 + 100) + l_2 + l_3$　　　　　　（8-15）

式中　l_1——夹片式工作锚厚度；

l_2——穿心式千斤顶长度；

l_3——夹片式工具锚厚度。

三、先张法施工

先张法是在浇筑混凝土构件之前将预应力筋张拉到设计控制应力，用夹具将其临时固定在台座或钢模上，进行绑扎钢筋，安装铁件，支设模板，然后浇筑混凝土；待混凝土达到规定的强度（一般不低于设计强度等级的70%），保证预应力筋与混凝土有足够的黏结力时，放松预应力筋，借助于它们之间的黏结力，在预应力筋弹性回缩时，使混凝土构件受拉区的混凝土获得预压应力，致使下部混凝土受压起拱，构件长度缩短 δ。其生产过程如图8-45所示。

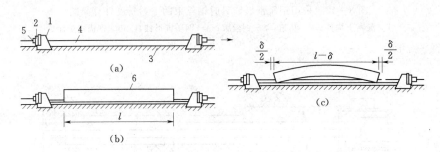

图8-45　先张法施工示意图

（a）预应力筋张拉；（b）混凝土浇筑和养护；（c）放松预应力筋

1—台座；2—横梁；3—台面；4—预应力筋；5—夹具；6—构件

（一）先张法施工设施及工艺流程

1. 施工设施

进行先张法预应力筋混凝土构件的生产，除前述材料和工具外，还应有相应的场地和设备设施也即台座。

台座由台面、横梁和承力结构等组成，是先张法生产的主要设备。预应力筋张拉、锚固，混凝土浇筑、振捣和养护及预应力筋放张等全部施工过程都在台座上完成；预应力筋放松前，台座承受全部预应力筋的拉力。因此，台座应有足够的强度、刚度和稳定性。

（1）墩式台座。由台墩、台面与横梁等组成。台墩和台面共同承受拉力。墩式台座用以生产各种形式的中小型构件。

台墩是承力结构，由钢筋混凝土浇筑而成。承力台墩设计时，应进行稳定性和强度验算。稳定性验算一般包括抗倾覆验算与抗滑移验算。抗倾覆系数不得小于1.5，抗滑移系数不得小于1.3。

台面是预应力构件成型的胎模，要求地基坚实平整，它是在厚150mm夯实碎石垫层上，浇筑厚60~80mmC20混凝土面层，原浆压实抹光而成。台面要求坚硬、平整、光滑，沿其纵向有3%的排水坡度。

横梁以墩座牛腿为支承点安装其上，是锚固夹具临时固定预应力筋的支承点，也是张拉机械张拉预应力筋的支座。横梁常采用型钢或钢筋混凝土制作。

（2）槽式台座。槽式台座如图8-46所示，槽式台座由端柱、传力柱、横梁和台面组成。槽式台座既可承受拉力，又可作蒸汽养护槽，适用于张拉吨位较高的大型构件，如屋架、吊车梁等。槽式台座需进行强度和稳定性计算。端柱和传力柱的强度按钢筋混凝土结构偏心受压构件计算。槽式台座端柱抗倾覆力矩由端柱、横梁自重力矩及部分张拉力矩组成。

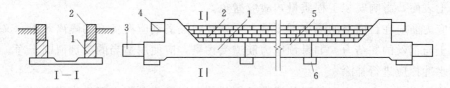

图 8-46 槽式台座构造图

1—钢筋混凝土端柱；2—砖墙；3—下横梁；4—上横梁；5—传力柱；6—柱垫

2. 先张法施工工艺流程

先张法预应力筋混凝土构件生产的施工工艺流程如图 8-47 所示。

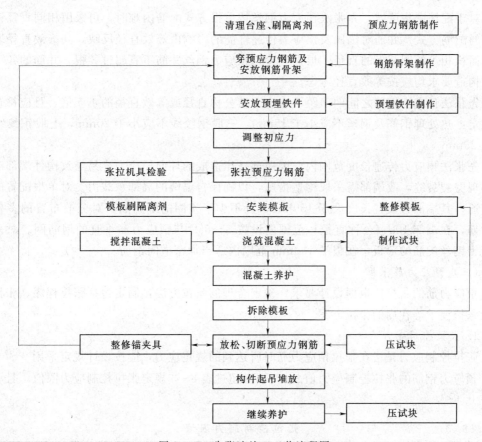

图 8-47 先张法施工工艺流程图

（二）预应力筋的安装及构件的构造措施

1. 预应力筋的安装

预应力筋安装时，其品种、级别、规格、数量对保证预应力结构构件的抗裂性能及承载力至关重要，必须符合设计要求。预应力筋若遇电火花损伤，容易在张拉阶段脆断，故应避免。施工时应避免将预应力筋作为电焊的一极。受电火花损伤的预应力筋应予以更换。

先张法预应力施工时，油质类隔离剂可能玷污预应力筋，严重影响黏结力，并且会污染混凝土表面，影响安装工程质量，故应避免。

预应力筋应在台面上的隔离剂干燥之后安装，隔离剂应有良好的隔离效果，又不应损害混凝土与钢丝的黏结力。如果预应力筋遭受污染，应使用适当的溶剂清刷干净。隔离剂若被雨水冲掉应进行补涂。

长线生产时应在预应力筋下放置保护层垫块，以防止预应力筋垂直挠度过大，影响保护层的厚度和预应力值。

预应力钢丝宜用牵引车铺设。遇钢丝需要接长时，可借助于钢丝拼接器用铁丝密排绑扎。

2. 构造措施

对于配筋密集区域，先张法预应力钢丝按单根方式配筋困难时，可采用相同直径钢丝并筋的配筋方式。并筋对锚固及预应力传递性能的影响由等效直径反映，其等效直径取与其截面积相等的圆截面的直径。根据经验，预应力钢丝并筋不宜超过 3 根。并筋的各项计算及构造要求均应按等效直径考虑。

先张法预应力钢筋之间的净距不应小于其公称直径或等效直径的 1.5 倍，且应符合下列规定：热处理钢筋及钢丝不应小于 15mm，三股钢绞线不应小于 20mm，七股钢绞线不小于 25mm。

先张法预应力传递长度范围内，因局部挤压造成的环向拉应力容易导致构件端部混凝土出现劈裂裂缝，故端部需采取构造措施，以确保自锚端的局部承载力。对单根配置的预应力筋，其端部宜设置长度大于 150mm，且不少于 4 圈的螺旋筋。对分散布置的多根预应力筋，在端部 $10d$（公称直径）范围内设置 3~5 片与预应力筋垂直的钢筋网。对采用预应力钢丝配筋的薄板，在板端 100mm 范围内适当加密横向钢筋。

（三）预应力筋张拉

预应力筋的张拉应根据设计要求，确定合理的张拉方法，制定包括张拉程序、张拉设备及张拉要求等在内的张拉方案。

1. 张拉控制应力

张拉控制应力是指在张拉预应力筋时所达到的规定应力，应按设计规定采用。

预应力钢筋的张拉控制应力值 σ_{con}，不宜超过表 8-3 规定张拉控制应力限值，且不应小于 $0.4f_{ptk}$。

表 8-3　　　　张 拉 控 制 应 力 限 值

钢 筋 各 类	张 拉 方 法	
	先张法	后张法
消除应力钢丝、钢绞线	$0.75f_{ptk}$	$0.75f_{ptk}$
热处理钢筋	$0.70f_{ptk}$	$0.65f_{ptk}$

对要求提高构件在施工阶段的抗裂性能而在使用阶段受拉区内设置的预应力钢筋，对要求部分抵消由于应力松弛、摩擦、钢筋分批张拉以及预应力钢筋与张拉台座之间的温差

等因素产生的预应力损失的钢筋，其张拉控制应力限值可在表 8-3 的基础上提高 $0.05f_{ptk}$。

2. 张拉力

预应力筋的张拉力 P_j 按式（8-16）进行计算

$$P_j = \sigma_{con} A_P \qquad (8-16)$$

式中 σ_{con}——预应力筋的张拉控制应力，由设计在图纸上标明；

A_P——预应力筋的截面面积。

3. 预应力筋张拉和锚固

预应力筋的张拉方法，应根据设计和施工计算要求采取一端张拉或两端张拉。采用两端张拉时，宜两端同时张拉，也可一端先张拉；另端补张拉。

（1）张拉方法。预应力钢丝由于张拉工作量大，宜采用一次张拉程序：

$$0 \longrightarrow (1.03 \sim 1.05)\sigma_{con} \longrightarrow 锚固$$

其中超张拉系数 1.03~1.05 是考虑测力计误差、台座横梁或定位板刚度不足、台座长度不符合设计取值、人为因素等影响。

粗钢筋宜采用超张拉程序：

$$0 \longrightarrow 1.05\sigma_{con}（持荷 2min）\longrightarrow \sigma_{con} \longrightarrow 锚固。$$

采用此张拉程序的目的在于减少应力松弛损失。

1）单根预应力钢筋张拉。单根张拉钢筋（丝）时，应按对称位置进行，并考虑下批张拉所造成的预应力损失。

在先张法台座上生产构件进行单根钢筋张拉，一般用小型电动螺杆张拉机（图 8-48），以弹簧、杠杆等设备测力。用弹簧测力时宜设置行程开关，以便张拉到规定的拉力时能自行停车。

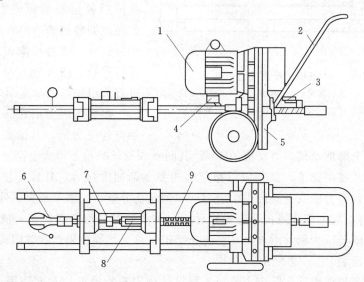

图 8-48 电动螺杆张拉

1—电动机；2—手柄；3—前限位开关；4—后限位开关；5—减速箱；

6—夹具；7—测力器；8—计量标尺；9—螺杆

对长线台座，由于放置钢筋的长度较大，张拉时伸长值也较大，一般电动螺杆张拉机或液压千斤顶的行程难以满足，故张拉小直径的钢筋可用卷扬机，图8-49为采用卷扬机张拉单根预应力筋的示意图。

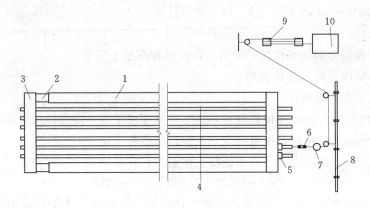

图8-49　用卷扬机张拉钢筋

1—台座；2—放松装置；3—横梁；4—预应力筋；5—锚固夹具；

6—张拉夹具；7—测力计；8—固定梁；9—滑轮组；10—卷扬机

2）多根钢筋的同步张拉。先张法施工中常常会进行多根钢筋的同步张拉，当用钢台模以机组流水法或传送带法生产构件，或在三横梁式、四横梁式台座上生产大型预应力构件时，多进行多根张拉，可用普通液压千斤顶进行张拉。张拉时要求钢丝的长度基本相等，以保证张拉后各钢筋的预应力相同，为此，事先应调整钢筋的初应力（可取5%～10%σ_{con}），使每根均匀一致，然后再进行张拉。图8-50是用液压千斤顶进行成组张拉的示意图。

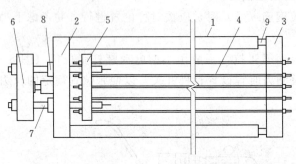

图8-50　液压千斤顶成组张拉

1—台模；2、3—前后横梁；4—钢筋；5、6—拉力架横梁；

7—大螺丝杆；8—油压千斤顶；9—放松装置

多根预应力筋在张拉过程中，应抽查预应力值，其偏差不得大于或小于按一个构件全部钢丝预应力总值的5%；其断丝或滑丝数量不得大于钢丝总数的3%。

（2）张拉及锚固要求。张拉应以稳定的速率逐渐加大拉力，并保证使拉力传到横梁上，而不应使预应力筋或夹具产生次应力（如钢丝在分丝板、横梁或夹具处产生尖锐的或弯曲）。锚固时，敲击锥塞或楔块应先轻后重，与此同时，倒开张拉机，放松钢丝，两者应密切配合，既要减少钢丝滑移，又要防止锤击力过大，导致钢丝在锚固夹具与张拉夹具处受力过大而断裂。

预应力筋张拉锚固后实际应力值与工程设计规定检验值的相对允许偏差为±5%。预应力筋的应力测量常选用测力传感器及配套仪表来完成。根据传感器的不同原理，测力传感器又分为电阻应变式传感器和振弦式测力传感器。先张法预应力筋张拉后与设计位置的偏差不得大于 5mm，且不得大于构件截面短边边长的 4%。

（四）混凝土的浇筑与养护

预应力筋张拉完毕后即应浇筑混凝土。混凝土的浇筑应一次完成，不允许留设施工缝。

混凝土的用水量和水泥用量必须严格控制，以减少混凝土由于收缩和徐变而引起的预应力损失。预应力混凝土构件浇筑时必须振捣密实（特别是在构件的端部），以保证预应力筋和混凝土之间的黏结力。

构件应避开台面的温度缝，当不可能避开时，在温度缝上可先铺薄钢板或垫油毡，然后再灌混凝土，浇筑时，振捣器不应碰撞钢筋，混凝土达到一定强度前，不允许碰撞或踩动钢筋。

采用平卧迭浇法制作预应力混凝土构件时，其下层构件混凝土的强度需达到 5MPa 后，方可浇筑上层构件混凝土并应有隔离措施。

混凝土可采用自然养护或蒸汽养护。但应注意，在台座上用蒸汽养护时，温度升高后，预应力筋膨胀而台座的长度并无变化，因而引起预应力筋应力减小，这就是温差引起的预应力损失。为了减少这种温差应力损失，应保证混凝土在达到一定强度之前，温差不能太大（一般不超过 20℃），故在台座上采用蒸汽养护时，其最高允许温度应根据设计要求的允许温差（张拉钢筋时的温度与台座温度的差）经计算确定。当混凝土强度养护至 7.5MPa（配粗钢筋）或 10MPa（钢丝、钢绞线配筋）以上时，则可不受设计要求的温差限制，按一般构件的蒸汽养护规定进行。这种养护方法又称为二次升温养护法。在采用机组流水法用钢模制作、蒸汽养护时，由于钢模和预应力筋同样伸缩，所以不存在因温差而引起的预应力损失，可以采用一般加热养护制度。

（五）预应力筋放张

放张预应力筋时，混凝土强度不得低于设计的混凝土强度标准值的 75%。对于重叠生产的构件，要求最上一层构件的混凝土强度不低于设计强度标准值的 75%时方可进行预应力筋的放张。过早放张预应力筋会引起较大的预应力损失或产生预应力筋滑动。预应力混凝土构件在预应力筋放张前要对混凝土试块进行试压，以确定混凝土的实际强度。

对承受轴心预压力的构件（如压杆、桩等），所有预应力筋应同时放张；对承受偏心预压力的构件，应先同时放张预压力较小区域的预应力筋再同时放张预压力较大区域的预应力筋；当不能按上述规定放张时，应分阶段、对称、相互交错地放张，以防止放张过程中构件发生翘曲、裂纹及预应力筋断裂等现象；放张后预应力筋的切断顺序，宜由放张端开始，逐次切向另一端。

对于配筋不多的预应力钢丝放张采用剪切、割断和加热熔断的方法自中间向两侧逐根进行，以减少回弹量，利于脱模。配筋较多的预应力钢丝放张采用所有钢筋同时放张的方法，以防止最后的预应力钢丝因应力突然增大而断裂或使构件端部开裂。可采用楔块或砂箱等装置进行缓慢放张。

1. 楔块放张

楔块装置放置在台座与横梁之间，放张预应力筋时，旋转螺母使螺杆向上运动，带动楔块向上移动，钢块间距变小，横梁向台座方向移动，便可同时放松预应力筋（图 8 -

51）。楔块放张，一般用于张拉力不大于300kN的情况。

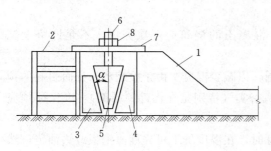

图8-51　楔块放张
1—台座；2—横梁；3、4—钢块；5—钢楔块；
6—螺杆；7—承力板；8—螺母

2. 砂箱放张

砂箱装置放置在台座和横梁之间，它由钢制的套箱和活塞组成，内装石英砂或铁砂。预应力筋张拉时，砂箱中的砂被压实，承受横梁的反力。预应力筋放张时，将出砂口打开，砂缓慢流出，从而使预应力筋缓慢地放张。砂箱装置中的砂应采用干砂并选定适宜的级配，防止出现砂子压碎引起流不出的现象或者增加砂的空隙率，使预应力筋的预应力损失增加。采用砂箱放张，能控制放

张速度，工作可靠，施工方便，可用于张拉力大于1000kN的情况，如图8-52所示。

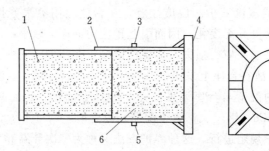

图8-52　砂箱装置示意图
1—活塞；2—钢套箱；3—进砂口；4—钢套箱底板；5—出砂口；6—砂子

四、后张法施工

1. 预应力混凝土后张法生产工艺及施工工艺流程

后张法施工由于直接在钢筋混凝土构件上进行预应力筋的张拉，所以无需固定台座设备，不受地点限制，它既适用于预制构件生产，也适用于现场施工大型预应力构件，而且后张法又是预制构件拼装的手段。但工序多、工艺复杂，锚具不能重复利用。

后张法生产工艺如图8-53所示，后张法生产工艺流程如图8-54所示。

2. 后张有黏结预应力构造要求

预应力筋孔道的内径宜比预应力筋和需穿过孔道的连接器外径大10～15mm，孔道截面面积宜取预应力筋净面积的3.5～4.0倍。

对预制构件，孔道的水平间距不小于

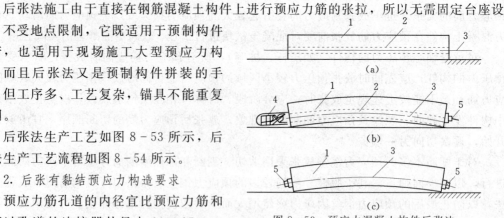

图8-53　预应力混凝土构件后张法
生产示意图
(a) 制作混凝土构件；(b) 张拉钢筋；(c) 锚固和孔道灌浆
1—混凝土构件；2—预留孔道；3—预应力筋；
4—千斤顶；5—锚具

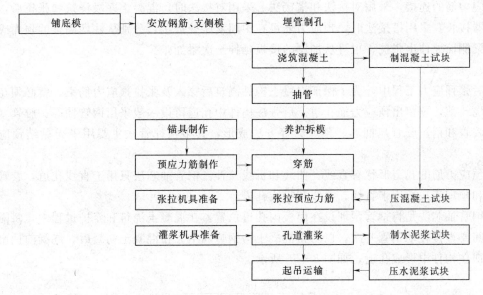

图 8-54 后张法生产工艺流程

50mm，孔道至构件边缘的净间距不宜小于 30mm，且不宜小于孔道直径的 1/2；在现浇框架梁中，预留孔道在竖直方向的净间距不应小于孔道外径，水平方向的净间距不宜小于孔道外径的 1.5 倍。从孔壁算起的混凝土保护层厚度，梁底不应小于 50mm，梁侧不应小于 40mm，板底不应小于 30mm。凡需要起拱的构件，预留孔道宜随构件同时起拱。预应力筋孔道的灌浆孔宜设置在孔道端部的锚垫板上，灌浆孔的间距不宜大于 30m。对竖向构件，灌浆孔应设置在孔道下端，对超高的竖向孔道，宜分段设置灌浆孔。灌浆孔直径不宜小于 20mm。预应力筋孔道的两端应设有排气孔。曲线孔道的高差大于 0.5m 时，在孔道峰顶处应设置泌水管，泌水管可兼作灌浆孔。曲线预应力筋的曲率半径不宜小于 4m，对折线配筋的构件，在预应力筋弯折处曲率半径可适当减小。曲线预应力筋的端头，应有与曲线相切的长度不小于 300mm 的直线段。

预应力筋张拉端可采用凹入式或凸出式的做法。采用凹入式时，锚具位于梁（柱）凹槽内，张拉锚固后用细石混凝土填平。采用凸出式时，锚具位于梁端面或柱表面，张拉后用细石混凝土封裹。凸出式锚固端锚具的保护层厚度不应小于 50mm，外露预应力筋的混凝土：处于一类环境时，不应小于 20mm，处于二类、三类受腐蚀环境时，不应小于 50mm。

预应力筋张拉锚具的最小间距应满足配套的锚垫板尺寸和张拉用千斤顶的安装要求。锚固区的锚垫板尺寸和间接钢筋（网片或螺旋筋）配置等必须满足局部受压承载力要求。锚垫板边缘至构件边缘的距离不宜小于 50mm。当梁端面较窄或钢筋稠密时，可将跨中处同排布置的多束预应力筋转变为张拉端竖向多排布置或采取加腋处理。

预应力筋固定端可采取与张拉端相同的做法或采取内埋式做法。内埋式固定端的位置应位于不需要预压应力的截面外，且不宜小于 100mm。多束预应力筋的内埋式固定端，宜采用错开布置方式，其间距不宜小于 300mm，且距构件边缘不宜小于 40mm。多跨超长预应力筋的连接,采用对接法和搭接法。采用对接法时,混凝土逐段浇筑和张拉后,用连接器接长。采用搭接法时,预应力筋可在中间支座处搭接,分别从柱两侧梁的顶面或加宽的梁侧面处伸出张拉,也可从加厚的楼板延伸至次梁处张拉。

3. 孔道留设

后张预应力工程中,为了保证混凝土构件浇筑后穿入及张拉预应力筋束,就必须在混凝土浇筑前,预留出预应力筋孔道。后张法构件中孔道留设一般采用钢管抽芯、胶管(帆布橡胶管和钢丝胶管)抽芯、预埋管等方法成形,其中预埋管法主要用于无黏结预应力构件。

预应力筋的孔道形状有直线、曲线和折线三种。钢管抽芯法只用于直线孔道,胶管抽芯法和预埋管法适用于直线、曲线和折线孔道。

钢管抽芯法是将钢管预埋设在模板内孔道位置,在混凝土浇筑和养护过程中,每隔一定时间要慢慢转动钢管一次,以防止混凝土与钢管黏结。在混凝土初凝后、终凝前抽出钢管,即在构件中形成孔道,如图 8-55 所示。

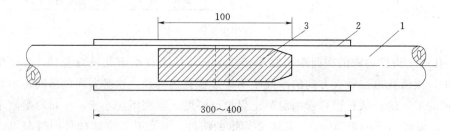

图 8-55 钢管连接方式
1—钢管；2—铁皮套筒；3—硬木塞

胶管抽芯法留设孔道用的胶管一般有五层或七层夹布管和供预应力混凝土专用的钢丝网橡皮管两种。前者必须在管内充气或充水后才能使用。后者质硬,且有一定弹性,预留孔道时与钢管一样使用。胶管采用钢筋井字架固定,其间距不宜大于 0.5m,并与钢筋骨架绑扎牢。然后充水(或充气)加压到 0.5~0.8MPa,此胶管直径可增大 3mm。待混凝土初凝后,放出压缩空气或压力水,胶管直径小并与混凝土脱离,便于抽出形成孔道。胶管接头处理见图 8-56。

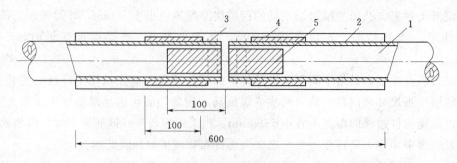

图 8-56 胶管接头
1—胶管；2—白铁皮套筒；3—钉子；4—厚 1mm 的钢管；5—硬木塞

预埋管法是利用与孔道直径相同的金属波纹管埋在构件中，无需抽出，一般采用黑铁皮管、薄钢管或镀锌双波纹金属软管制作。预埋管法因省去抽管工序，且孔道留设在位置，形状也易保证，故目前应用较为普遍。金属波纹管重量轻、刚度好、弯折方便且与混凝土黏结好。金属波纹管每根长 4～6m，也可根据需要，现场制作。波纹管在 1kN 径向力作用下不变形，使用前应作灌水试验，检查有无渗漏现象。波纹管的固定，采用钢筋井字架，间距不宜大于 0.8m，曲线孔道时应加密，并用铁丝绑扎牢。波纹管的连接，可采用大一号同型波纹管，接头管长度应大于 200mm（图 8-57），用密封胶带或塑料热塑管封口。

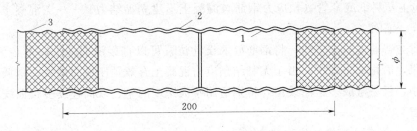

图 8-57　螺旋管的连接
1—螺旋管；2—接头管；3—密封胶带

4. 预应力筋穿束

根据穿束与浇筑混凝土之间的先后关系，可分为先穿束和后穿束两种方法。在浇筑混凝土之前穿束称为先穿束法，适用于埋入式固定端或采用连接器施工工程。穿束方法有先穿束后装管、先装管后穿束和两者组装后放入就位等。后穿束是在浇筑混凝土之后，在预留孔道中穿束。

人工穿束是利用起重设备将预应力筋吊起，由人力将筋逐步穿入孔内。此时束的前端应扎紧并裹胶布，以便顺利通过孔道。适用于直线孔道及长度小于 50m 两跨曲线束。卷扬机穿束主要用于超长束、特重束、多波曲线束等整束穿入的工程。束的前端应装有穿束网套或特制的牵引头。穿束机穿束适用于大型桥梁或构筑物单根穿钢绞线情况。穿束时钢绞线前端应套上一个子弹头形壳帽。

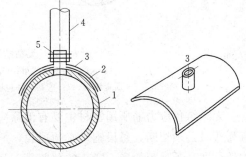

图 8-58　螺旋管上的灌浆孔
1—螺旋管；2—海绵垫；3—塑料弧形压板；
4—塑料管；5—铁丝扎紧

5. 孔道灌浆

预应力筋张拉完毕后，应进行孔道灌浆。灌浆的目的是为了防止钢筋锈蚀，增加结构的整体性和耐久性，提高结构抗裂性和承载力。孔道灌浆时将灌浆机与孔道相连，并保证密封，开动灌浆泵注入压力水泥浆，从近至远逐个检查出浆口，待出浓浆后逐一封闭，待最后一个出浆口出浓浆后，封闭出浆口，继续加压至 0.5～0.6MPa，封闭进浆孔阀门，待水泥浆凝固后，拆卸连接接头并即时清理，如图 8-58 所示。

预应力筋张拉后处于高应力状态，对腐蚀非常敏感，所以应尽早进行孔道灌浆。灌浆是对预应力筋的永久性保护措施。故要求水泥浆饱满、密实，完全裹住预应力筋。

五、无黏结预应力混凝土施工

1. 无黏结预应力混凝土施工工艺

无黏结预应力是指在预应力构件中的预应力筋与混凝土没有黏结力，预应力筋张拉力完全靠构件两端的锚具传递给构件。具体做法是预应力筋表面刷涂料并包塑料布（管）后，将其铺设在支好的构件模板内，并浇筑混凝土，待混凝土达到规定强度后进行张拉锚固。它属于后张法施工。其主要施工程序为，预应力钢筋沿全长外表涂刷沥青等润滑防腐材料──→包上塑料纸或套管（预应力钢筋与混凝土不建立黏结力）──→浇混凝土养护──→张拉钢筋──→锚固。

施工时与普通混凝土一样，将钢筋放入设计位置可以直接浇混凝土，不必预留孔洞、穿筋、灌浆，简化施工程序，由于无黏结预应力混凝土有效预压应力增大，降低造价，同时摩擦力小，且易弯成多跨曲线型，特别适用于大跨度的单、双向连续多跨曲线配筋梁板结构和屋盖。

2. 无黏结预应力筋的制作和铺放

无黏结预应力筋主要有预应力钢材、涂料层、外包层和锚具组成，如图8-59所示。

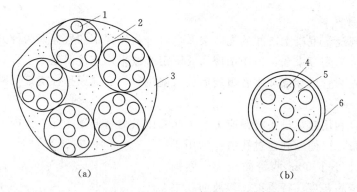

图 8-59 无黏结预应力筋横截面示意图

(a) 无黏结钢绞线束；(b) 无黏结钢丝束或单根钢绞线

1─钢绞线；2─沥青涂料；3─塑料布外包层；4─钢丝；5─油脂涂料；6─塑料管、外包层

无黏结预应力筋所用钢材主要有消除应力钢丝和钢绞线。钢丝和钢绞线不得有死弯，有死弯时必须切断，每根钢丝必须通长，严禁有接点。预应力筋的下料长度计算，应考虑构件长度、千斤顶长度、镦头的预留量、弹性回弹值、张拉伸长值、钢材品种和施工方法等因素。具体计算方法与有黏结预应力筋计算方法基本相同。

涂料层的作用是使预应力筋与混凝土隔离，减少张拉时的摩擦损失，防止预应力筋腐蚀等。常用涂料主要有防腐沥青和防腐油脂。涂料应有较好的化学稳定性和韧性；在−20～+70℃温度范围内应不开裂、不变脆、不流淌，能较好地黏附在钢筋上；涂料层应不透水、不吸湿、润滑性好、摩阻力小。

外包层主要由塑料带或高压聚乙烯塑料管制作而成。外包层应具有在−20～+70℃温度范围内不脆化、化学稳定性高，具有抗破性强和足够的韧性，防水性好且对周围材料无侵蚀作用。塑料使用前必须烘干或晒干，避免在型过程中由于气泡引起塑料表面开裂。

单根无黏结筋制作时，宜优先选用防腐油脂之间有一定的间隙，使预应力筋能在塑料套管中任意滑动。成束无黏结预应力筋可用防腐沥青或防腐油脂作涂料层。当使用防腐沥青时，应用密缠塑料带作外包层，塑料带各圈之间的搭接宽度不应小于带宽的1/2，缠绕层数不小于4层。

无黏结预应力构件中，预应力筋的张拉力主要是靠锚具传递给混凝土的。因此，无黏结预应力筋的锚具不仅受力比有黏结预应力的锚具大，而且承受的是重复荷载。

无黏结预应力筋铺放之前，应及时检查其规格尺寸和数量，逐根检查并确认其端部组装配件可靠无误后，方可在工程中使用。铺放前应通过计算确定无黏结预应力筋的位置，其竖向高度宜采用支撑钢筋控制，亦可与其他钢筋绑扎，无黏结预应力筋束形控制点的设计位置偏差，应符合表8-4的规定。

表8-4　　　　　　　　　束形控制点的设计位置允许偏差　　　　　　　　单位：mm

截面高（厚）度	$h \leqslant 300$	$300 < h \leqslant 1500$	>1500
允许偏差	±5	±10	±15

当采用多根无黏结预应力筋平行带状布束时，每束不宜超过5根无黏结预应力筋，并应采取可靠的支撑固定措施，保证同束中各根无黏结预应力筋具有相同的矢高，带状束在锚固端应平顺地张开。

混凝土浇筑时，严禁踏压撞碰无黏结预应力筋、支撑架以及端部预埋部件。张拉端、固定端混凝土必须振捣密实。

3. 无黏结预应力筋的张拉和锚固

预应力筋张拉时，混凝土强度应符合设计要求，当设计无要求时，混凝土的强度应达到设计强度的75%方可开始张拉。张拉程序一般采用$0 \sim 103\% \sigma_{con}$以减少无黏结预应力筋的松弛损失。张拉顺序应根据预应力筋的铺设顺序进行，先铺设的先张拉，后铺设的后张拉。当预应力筋的长度小于25m时，宜采用一端张拉，若长度大于25m时，宜采用两端张拉；长度超过50m时，宜采取分段张拉。

(1) 张拉端的处理。无黏结预应力筋采用钢丝束镦头锚具时，其张拉端头处理如图8-60所示，其中塑料套筒供钢丝束张拉时锚环从混凝土中拉出来用，软塑料管是用来保

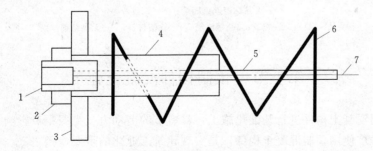

图8-60　镦头锚固系统张拉端

1—锚环；2—螺母；3—承衬板；4—塑料套筒；5—软塑料管；6—螺旋筋；7—无黏结筋

护无黏结钢丝末端因穿锚筒内产生空隙，必须用油枪通过锚环的注油孔向套筒内注满防腐油脂，灌油后将外露锚具封闭好，避免长期与大气接触造成锈蚀。

采用无黏结钢绞线夹片锚具时，张拉端头构造简单，无须另加设施。张拉端头钢绞线预留长度不小于150mm，多余割掉，然后在锚具及承压板表面涂以防水涂料，再进行封闭。锚固区可以用后浇的钢筋混凝土圈梁封闭，将锚具外伸的钢绞线散开打弯，埋在圈梁内加强，如图8-61所示。

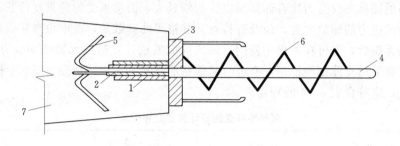

图8-61 夹片式锚具张拉端处理

1—锚环；2—夹片；3—承压板；4—无黏结筋；5—散开打弯钢丝；6—螺旋筋；7—后浇混凝土

（2）固定端处理。无黏结筋的固定端可设置在构件内。当采用无黏结钢丝束时固定端可采用扩大的镦头锚板，并用螺旋筋加强，如图8-62（a）所示。施工中如端头无黏结构配筋时，需要配置构造钢筋，使固定端板与混凝土之间有可靠锚固性能。当采用无黏结钢绞线时，锚固端可采用压花成型，使固定端板与混凝土之间有可靠锚固性能。当采用无黏结钢绞线时，锚固端可采用压花成型，如图8-62（b）所示，埋置在设计部位。这种做法的关键是张拉前锚固端的混凝土强度等级必须达到设计强度（不小于C30），才能形成可靠的黏强式锚头。

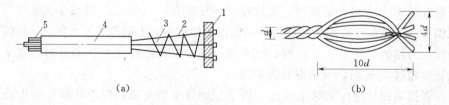

（a）　　　　　　　　　　　（b）

图8-62 无黏结筋固定端详图

（a）无黏结钢丝束固端；（b）钢绞线固定端

1—锚板；2—钢丝；3—螺旋筋；4—软塑料管；5—无黏结钢丝束

第五节 预制构件混凝土施工

采用预制混凝土构件进行装配化施工，具有节约劳动力、克服季节影响、便于常年施工等优点。推广使用预制混凝土构件，是实现建筑工业化的重要途径之一。在工厂或工地预先加工制作建筑物或构筑物的混凝土部件，最大的优越性是有利于质量控制，这种优越性主要体现在便于预应力钢筋或钢丝的张拉、便于混凝土的质量控制、便于养护等几个方面。

一、预制构件的施工工艺及方法

预制构件混凝土施工工艺如图 8-63 所示。

(一)预制构件的制作方法

1. 构件成型

在经过制备、组装、清理并涂刷过隔离剂的模板内安装钢筋和预埋件后，即可进行构件的成型。成型工艺主要有以下几种：

(1)平模机组流水工艺。生产线一般建在厂房内，适合生产板类构件，如民用建筑的楼板、墙板、阳台板、楼梯段，工业建筑的屋面板等。在模内布筋后，用吊车将模板吊至指定工位，利用浇灌机往模内灌筑混凝

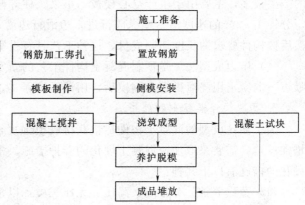

图 8-63　预制构件混凝土施工工艺示意图

土，经振动梁（或振动台）振动成型后，再用吊车将模板连同成型好的构件送去养护。这种工艺的特点是主要机械设备相对固定，模板借助吊车的吊运，在移动过程中完成构件的成型。

(2)平模传送流水工艺。生产线一般建在厂房内，适合生产较大型的板类构件，如大楼板、内外墙板等。在生产线上，按工艺要求依次设置若干操作工位。模板自身装有行走轮或借助辊道传送，不需吊车即可移动，在沿生产线行走过程中完成各道工序，然后将已成型的构件连同钢模送进养护窑。这种工艺机械化程度较高，生产效率也高，可连续循环作业，便于实现自动化生产。平模传送流水工艺有两种布局，一是将养护窑建在和作业线平行的一侧，构成平面循环；二是将作业线设在养护窑的顶部，形成立体循环。

(3)固定平模工艺。特点是模板固定不动，在一个位置上完成构件成型的各道工序。较先进的生产线设置有各种机械如混凝土浇灌机、振捣器、抹面机等。这种工艺一般采用上振动成型、热模养护。当构件达到起吊强度时脱模，也可借助专用机械使模板倾斜，然后用吊车将构件脱模。

(4)立模工艺。特点是模板垂直使用，并具有多种功能。模板是箱体，腔内可通入蒸汽，侧模装有振动设备。从模板上方分层灌筑混凝土后，即可分层振动成型。与平模工艺比较，可节约生产用地、提高生产效率，而且构件的两个表面同样平整，通常用于生产外形比较简单而又要求两面平整的构件，如内墙板、楼梯段等。

立模通常成组组合使用，称成组立模，可同时生产多块构件。每块立模板均装有行走轮。能以上悬或下行方式作水平移动，以满足拆模、清模、布筋、支模等工序的操作需要。

(5)长线台座工艺。适用于露天生产厚度较小的构件和先张法预应力钢筋混凝土构件（见预应力混凝土结构），如空心楼板、槽形板、T 形板、双 T 板、工形板、小桩、小柱等。台座一般长 100～180m，用混凝土或钢筋混凝土灌筑而成。在台座上，传统的做法是

按构件的种类和规格现支模板进行构件的单层或叠层生产，或采用快速脱模的方法生产较大的梁、柱类构件。辅助设备有张拉钢丝的卷扬机、龙门式起重机、混凝土输送车、混凝土切割机等。钢丝经张拉后，使用拉模在台座上生产空心楼板、桩、桁条等构件。挤压机的类型很多，主要用于生产空心楼板、小梁、柱等构件。挤压机安放在预应力钢丝上，以每分钟 1～2m 的速度沿台座纵向行进，边滑行边灌筑边振动加压，形成一条混凝土板带，然后按构件要求的长度切割成材。这种工艺具有投资少，设备简单，生产效率高等优点。

（6）压力成型法。是预制混凝土构件工艺的新发展。特点是不用振动成型，可以消除噪声。混凝土用浇灌机灌入钢模后，用滚压机碾实，经过压缩的板材进入隧道窑内养护。

2. 预制构件混凝土的养护

为了使已成型的混凝土构件尽快获得脱模强度，以加速模板周转，提高劳动生产率、增加产量，需要采取加速混凝土硬化的养护措施。常用的构件养护方法及其他加速混凝土硬化的措施有以下几种：

（1）蒸汽养护。分常压、高压、无压三类，以常压蒸汽养护应用最广。在常压蒸汽养护中，又按养护设施的构造分为：

1）养护坑（池）。主要用于平模机组流水工艺。其优点由于构造简单、易于管理、对构件的适应性强，是主要的加速养护方式；它的缺点是坑内上下温差大、养护周期长、蒸汽耗量大。

2）立式养护窑。窑内分顶升和下降两行，成型后的制品入窑后，在窑内一侧层层顶升，同时处于顶部的构件通过横移车移至另一侧，层层下降，利用高温蒸汽向上、低温空气向下流动的原理，使窑内自然形成升温、恒温、降温三个区段。立窑具有节省车间面积、便于连续作业、蒸汽耗量少等优点，但设备投资较大，维修不便。

3）水平隧道窑和平模传送流水工艺配套使用。构件从窑的一端进入，通过升温、恒温、降温三个区段后，从另一端推出。其优点是便于进行连续流水作业，但三个区段不易分隔，温、湿度不易控制，窑门不易封闭，蒸汽有外溢现象。

4）折线形隧道窑。这种养护窑具有立窑和平窑的优点，在升温和降温区段是倾斜的，而恒温区段是水平的，可以保证三个养护区段的温度差别。窑的两端开口处也不外溢蒸汽。

（2）热模养护。将底模和侧模做成加热空腔，通入蒸汽或热空气，对构件进行养护。可用于固定或移动的钢模，也可用于长线台座。成组立模也属于热模养护型。

（3）太阳能养护。用于露天作业的养护方法。当构件成型后，用聚氯乙烯薄膜或聚酯玻璃钢等材料制成的养护罩将产品罩上，靠太阳的辐射能对构件进行养护。养护周期比自然养护约可缩短 1/3～2/3，并可节省能源和养护用水，因此已在日照期较长的地区推广使用。

近年来，世界各国研制和推广一些新的加速混凝土硬化的方法，较常见的有热拌混凝土和掺加早强剂。此外，还有利用热空气、热油、热水等进行养护的方法。

3. 构件的拆模

当混凝土强度达到 1.2MPa 以上，且能保证构件不变形、棱角完整无裂缝时，即可拆除侧模。对预留孔洞芯模应在初凝前后转动，以免混凝土凝结后难以脱模，脱模应在混凝土强度能保证孔洞表面不发生裂缝、不坍塌时进行。

（二）预制混凝土构件的质量要求

预制构件应在明显部位标明生产单位、构件型号、生产日期和质量验收标志。构件上的预埋件、插筋和预留孔洞的规格、位置和数量应符合标准图或设计的要求。预制构件的外观质量不应有严重缺陷。对已经出现的严重缺陷，应按技术处理方案进行处理。预制构件应按标准图或设计要求的试验参数及检验指标进行结构性能检验。预制构件不应有影响结构性能和安装、使用功能的尺寸偏差。对超过尺寸允许偏差且影响结构性能和安装、使用功能的部位，应按技术处理方案进行处理。预制构件的尺寸偏差应符合表 8-5 的规定。

表 8-5　　　　　　　　　　预制构件尺寸的允许偏差及检验方法　　　　　　　　单位：mm

项　　　目		允许偏差	检　验　方　法
长度	板、梁	+10，-5	钢尺检验
	柱	+5，-10	
	墙板	±5	
	薄腹梁、桁架	+15，-10	
宽度、高（厚）度	板、梁、柱、墙板、薄腹梁、桁架	±5	钢尺量一端及中部，取其中较大值。
侧向弯曲	板、梁、柱	$L/750$ 且 $\leqslant 20$	拉线、钢尺量最大侧向弯曲处
	墙板、薄腹梁、桁架	$L/1000$ 且 $\leqslant 20$	
预埋件	中心线位置	10	钢尺检查
	螺栓位置	5	
	螺栓外露长度	+10，-5	
预留孔	中心线位置	5	钢尺检查
预留洞	中心线位置	15	钢尺检查
主筋保护层厚度	板	+5，-3	钢尺或保护层厚度测定仪测量
	梁、柱、墙板、薄腹梁、桁架	+10，-5	
对角线差	板、墙板	10	钢尺量两个对角线
表面平整度	板、墙板、柱、梁	5	2m 靠尺和塞尺检查
预应力构件预留孔道位置	梁、墙板、薄腹梁、桁架	3	钢尺检查
翘曲	板	$L/750$	调平尺在两端量测
	墙板	$L/1000$	

注　1. L 为构件长度，mm。

　　2. 检查中心线、螺栓和孔道位置时，应沿纵、横两个方向量测，并取其中的较大值。

　　3. 对形状复杂或有特殊要求的构件，其尺寸偏差应符合标准图或设计的要求。

（三）成品堆放

混凝土强度达到设计强度后可起吊堆放。构件堆放应符合下列要求：堆放场地应平整夯实，有排水设施；构件按吊装顺序，以刚度较大的方向堆放稳定；重叠堆放的构件，标志应向外，堆垛高度应按构件强度、地面承载力、垛木强度及堆垛的稳定性确定，各层垫木的位置应在同一垂直线上。

二、混凝土涵管的施工工艺

根据混凝土涵管制作方式及使用材料，混凝土涵管可分为素混凝土管、普通钢筋混凝土管和预应力钢筋混凝土管，制管主要有压力式制管、离心式制管和悬辊式制管等。

1. 压力式制管

一般用于生产管径为 400mm 以下的素混凝土管。制管的主要生产设备是压力制管机，其基本构造包括：一个高度与管模相同的混凝土置料平台、平台下部的可转动圆形底盘、底盘上竖向放置的铁制管模及置料台上方设置的一可高速旋转且可上下移动的铁芯。

制管时，由铁芯压力及旋转，使混凝土管在管模内形成。圆管成型后即可出模，因此产量高，但不能生产钢筋混凝土管，不宜制造管长在 1m 以上的长管，仅适合小口径混凝土管的制作。

2. 离心式制管

离心式制管是利用离心力原理的混凝土制管工艺。其主要生产设备是离心式水泥制管机，可以生产内径 200~1200mm，长 2000~5000mm 的承插口、平口、企口、带孔有筋、无筋混凝土水泥管。

离心式制管机生产设备简单、操作方便，但生产过程中噪声大、生产工作条件差，此外，由于离心成型的混凝土管，其管壁内有混凝土粗、细骨料分层的离析现象，因此抗渗性能较差，且该法不宜采用高强度等级干硬性混凝土，限制了管材的强度提高和厚度的减小。

3. 悬辊式制管

悬辊式制管工艺弥补了离心式制管工艺的所有不足。是一种利用辊轴与管模间的滚动压力使圆管成型的制管工艺。其主要设备为悬辊式混凝土制管机，由辊轴和两端的支架组成。

其中一端是可以转动的固定支架；另一端是可以自由开合的活动支架。在固定支架的一端，连接带动辊轴的动力设备。制管时，通过活动支架的一端，将铁制管模呈水平方向悬挂在辊轴上，送入管模内的混凝土，在管模内壁与辊轴间的滚压作用下形成混凝土管的管壁。

悬辊式混凝土制管工艺流程如图 8-64 所示。

三、钢筋混凝土预制方桩的制作工艺

1. 钢筋混凝土预制方桩制作工艺

钢筋混凝土预制方桩的制作工艺流程如图 8-65 所示。

2. 钢筋混凝土预制方桩的制作

预制方桩的边长一般为 300~500mm，模数为 50mm。

（1）支模。立模必须保证桩身及桩尖部分的开关尺寸和相互位置正确，尤其要注意桩尖位置与桩身纵轴线对准。模板接缝应严密，不得漏浆。

（2）绑扎钢筋。配制纵向钢筋时，接头宜用闪光对接或气压焊对接，如用双面搭接焊接时，搭接长度不得小于 $5d$（d 为钢筋直径）。在桩的同一截面内，焊接接头的截面积不

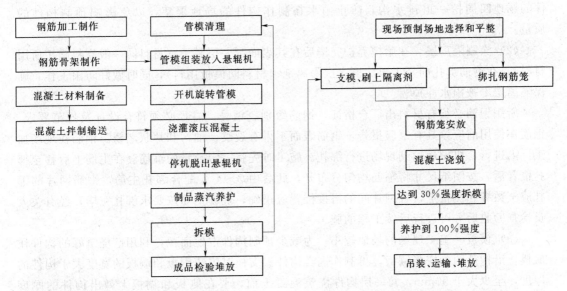

图 8-64 悬辊式制管工艺流程
示意图

图 8-65 钢筋混凝土预制方桩制作工艺流程
示意图

得超过主筋截面积的 50%。纵向钢筋和钢箍应扎牢，连接位置不应偏斜，桩顶钢筋网片应按设计要求位置与间距设置，且不偏斜，整体扎牢制成钢筋笼。桩尖应与钢筋笼的中心纵轴线一致。安放钢筋笼时，要防止扭曲变形。钢筋或钢筋笼在运输和贮存过程中，要避免锈蚀和污染，使用前应将不洁表面进行清刷。带有颗粒状或片状老锈的钢筋不得使用。

（3）混凝土浇筑。混凝土浇筑前，应清除模板内的垃圾、杂物、检查各部分的保护层是否符合设计要求的厚度，主筋顶端保护层不宜过厚，以防锤击沉桩时桩顶破碎。灌筑混凝土时应由桩顶向桩尖方向进行，确保顶部结构的密实性，以承受锤击沉桩时的锤击应力，混凝土应连续浇筑，不得中断。

对两地采用重叠法浇筑预制桩时，应遵守下列规定：制桩场地必须坚实平整，满足对地基承载力和击桩制作允许偏差所决定的地基变形的要求，并防止浸水沉陷。桩的底模应平整、坚实，宜选用水泥地坪或刚性满足要求的模板。桩与邻桩、桩与底模间的接触处必须做好隔离层，严防相互粘连。上层桩或邻桩的灌筑，必须在上层桩或邻桩的混凝土达到设计强度的 30% 后方可进行。桩的重叠层数不宜超过 4 层。制作预制桩严禁采用拉模和翻模等快速脱模方法施工。桩的养护应采用自然养护一个月，即使采用蒸汽养护，只能提早拆模，仍需继续养护，以使混凝土的水化作用充分完成，方可供沉桩使用。

四、钢筋混凝土预制梁、柱和吊车梁施工方案

钢筋混凝土柱、梁、吊车梁根据施工总体布置需在现场预制。

（1）胎模制作。施工现场制作构件的场地需进行素土夯实，按构件截面尺寸和预制方式制作胎模：胎模用机制红砖砌筑（高度以 120～180mm 为宜），其表面抹 1:3 水泥砂浆，胎模施工时应按照设计或标准图集要求合理起拱；胎模制作完成后应及时覆盖洒水养护，但必须保证地面不应积水，在确保胎模养护的同时不得使胎模下地面下沉。在制作构件的场地四周挖一道排水沟，防止雨水在制作构件的场地聚集，以免影响预制构件的质量。

（2）涂刷隔离层。在胎模养护完毕后在其表面刮一层腻子（材料同一般涂料施工所用材料），在钢筋绑扎前一天再涂刷一次隔离剂（材料同模板用料），同时做好防雨工作，确保隔离层不被雨水冲掉。

所用钢筋必须有材料出厂合格证，钢筋级别、钢号、直径必须符合设计及规范要求，钢筋在使用前应该具有复验报告，钢筋表面不得有裂纹、油污和片状老锈。钢筋在现场加工厂内进行，机械运输到现场进行绑扎。施工时先将一定数量的箍筋套在主筋上后移至绑扎位置后，按图纸尺寸将箍筋均匀分布开，此后由 3～4 人配合绑扎主筋，钢筋网片的绑扎应全数绑扎交接点，各网片间的搭接位置应正确，现场钢筋按要求绑扎完毕，经有关人员检查验收后方可进行后续工程的施工。

（3）模板。施工现场的场地较小，为减少预制构件占地面积，利用已浇筑好的构件作底模，沿构件两侧安装侧板，再制作同类构件。支模时应使侧板和端板的宽度大于构件的厚度，至少大于 50mm，每一层构件浇筑混凝土前，要在侧板和端板上弹出构件的厚度线。上层构件支模时要使侧板和端板与下层构件搭接一部分，侧板和端板的上口与构件厚度相平。

柱、梁的支模如图 8-66 所示。

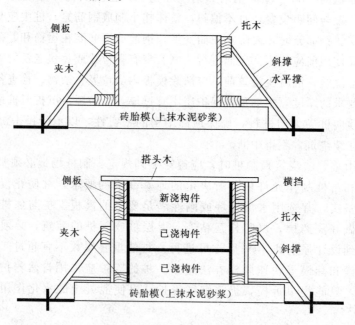

图 8-66　柱、梁的支模示意图

吊车梁采用重叠生产支模方法时，水平浇筑混凝土，底模的形状和尺寸要符合吊车梁两侧凹进的尺寸。侧模分有翼缘上侧模、翼缘下侧模及肋底侧模，侧模外面要钉上托木。支模时，先在平整的水泥地面上弹出吊车梁的长度、高度和翼缘厚度线，依线把底模放好，再在两侧立翼缘上侧模及肋底侧模，侧模底边外用夹木夹住，夹木顶于木枋上，在侧模外面用斜撑撑住。沿侧模上口钉些搭头木，搭头木要适当加大，翼缘下侧模可钉在搭头木上，在两端钉上端模。其支模示意如图8－67所示。

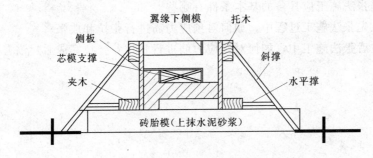

图8－67　吊车梁的支模示意图（一）

吊车梁采用立式生产支模方法时，其支模示意如图8－68所示。

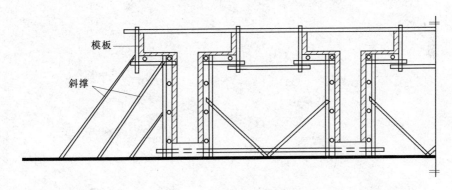

图8－68　吊车梁的支模示意图（二）

混凝土由现场搅拌，用机动翻斗车运至浇筑地点，由人工用铁锹入模；混凝土振捣采用插入式振动器，振捣时振动棒的移动位置的距离不大于振动棒作用半径的1.5倍，一般间距30～40cm，振捣至混凝土不再下沉和表面出现浮浆时停止振捣，在振捣时应尽量避免碰撞模板、钢筋和预埋铁件；在混凝土浇筑过程中应随时检查其配合比和坍落度；混凝土浇筑完后应及时养护，做好成品保护工作；构件的混凝土强度没有达到设计吊装要求的强度，或设计无具体要求时，未达到设计的混凝土强度标准值的100％时，不得进行吊装。

复 习 思 考 题

8－1　什么是预应力混凝土？为什么要对构件施加预应力？

8－2　预应力混凝土按预应力体系和构造特点分类有哪些？

8－3　用于预应力混凝土结构的混凝土材料有哪些要求？

8－4　用于预应力混凝土结构的钢材主要有哪些？它们应满足什么要求？

8－5　简述无黏结预应力筋与有黏结预应力筋的区别。

8－6　简述锚具和夹具的区别。锚具的类型有哪些？

8－7　简述连接器的作用。

8-8　简述千斤顶的作用和类型。

8-9　简述预应力筋的下料要求。

8-10　先张法施工应具备的基本条件有哪些？

8-11　在先张法施工过程中，如何对预应力筋进行张拉和放张。

8-12　在后张法施工中，如何对预应力筋进行张拉？张拉完成后封锚有哪些要求？

第九章　碾压混凝土施工

碾压混凝土是指干硬性混凝土经振动碾压实的混凝土。碾压混凝土区别于常规混凝土的主要特征是：拌和物干硬，坍落度为零。采用通仓薄层铺料，振动碾压混凝土面层。与常规混凝土施工相比：减少了架立模板、铺设冷却水管、灌浆等作业，减轻了劳动强度。由于减少了水泥用量，降低了材料成本，简化温控手段，大大节省温控费用，提高了作业效率，使各类机械使用率大大提高。碾压混凝土具有浇筑速度快、工期短、投资省、经济效益好的优点。

第一节　碾压混凝土的材料要求

1. 水泥

碾压混凝土水泥强度等级不宜低于 52.5。为使混凝土的温升降低，尽可能减少水泥硬化初期的水化热，在选择水泥品种时，优先选用低热水泥。水泥的运输、储存必须按不同品种、强度等级及出厂编号分别运输和存放。对储存期超过 3 个月的水泥，使用时必须进行复检，并按复检结果使用，严禁使用结块的水泥。应保证使用的水泥性能稳定。

2. 粉煤灰或其他掺合料

粉煤灰或其他掺合料是碾压混凝土不可缺少的组成材料。粉煤灰等混合材料对改善碾压混凝土的和易性和降低水化热具有显著效果。

碾压混凝土应优先掺入适量优质粉煤灰。如无粉煤灰资源时，可就近选择技术经济指标较合理的其他活性或非活性掺合料，如凝灰岩、磷矿渣、高炉矿渣、尾矿渣等，经磨细后掺合。粉煤灰或其他掺合料掺量应按其质量等级、设计要求及通过试验论证确定。

碾压混凝土已普遍采用大掺量粉煤灰，国内已施工的碾压混凝土坝粉煤灰掺量在 51%～70% 之间。

3. 混凝土外加剂

碾压混凝土中掺用的外加剂，是配制高品质碾压混凝土不可缺少的重要材料。根据碾压混凝土的设计指标、不同工程及施工季节的要求，混凝土掺用外加剂，不但能改善碾压混凝土性能，便于施工，而且能节约工程费用。

夏季施工宜选用缓凝减水为主的外加剂，有抗冻要求的混凝土应选用引气型外加剂。混凝土中外加剂其品种及掺量应通过试验确定。

4. 骨料

能满足常规混凝土要求的骨料，均可用于碾压混凝土。

粗骨料最大粒径尺寸和颗粒形状对材料分离影响很大。过于扁平的骨料不仅空隙多，用振动碾压实时易呈水平状态而形成薄弱点。最大骨料粒径一般应小于铺料层厚度的1/3，为减少分离，一般把最大粒径限定为80mm。最大骨料粒径尺寸的选用应考虑碾压机械、铺料层厚度和材料分离等因素综合考虑。

干法生产人工骨料过程中，形成的石粉受湿后，会粘裹在骨料颗粒表面，将影响碾压混凝土的质量，应采取清洗措施并注意保护周围环境。

砂中大于5mm颗粒的含量对细度模数影响敏感，应加以控制。有的工程控制在5%内。

冲洗筛分骨料时，应控制好筛分质量，保证各级成品骨料符合要求。

砂料宜质地坚硬，级配良好。人工砂细度模数宜在2.2～2.9之间，天然砂细度模数宜在2.0～3.0之间。应严格控制超径颗粒含量。使用细度模数小于2.0的天然砂，应经过试验论证。

人工砂的石粉（$d \leqslant 0.16mm$的颗粒）含量宜控制在10%～22%，最佳石粉含量应通过试验确定。

天然砂的含泥量（$d < 0.08mm$的颗粒）应不大于5%。

骨料运输堆放时，应防止泥土混入和不同级配互混。骨料应有足够的储备量并设有遮阳、防雨及脱水设施。拌和时砂子的含水率应不大于6%。

5. 混凝土拌和及养护用水

符合国家标准的生活饮用水，均可用于拌制和养护各种混凝土。

第二节 碾压混凝土拌和物的性质及参数

1. 工作度（VC值）

在一定的振动条件下，碾压混凝土的液化有一个临界时间，达到临界时间后混凝土迅速液化，这个时间间接表示碾压混凝土的流动性，称为稠度亦称VC值。

稠度是碾压混凝土拌和物的一个重要特性。对不同振动特性的振动碾和不同的碾压层厚度应有与其相应的混凝土稠度，才能保证混凝土的质量。

VC值一般用HGC-1型维勃稠度仪试验测定。影响VC值的因素有用水量、粗、细骨料用量及特性、砂率及砂子性质、粉煤灰品种及质量、外加剂等。

2. 离析性

碾压混凝土的离析有两种形式：一是粗骨料颗粒从拌和物中分离出来，即骨料分离；二是水泥浆或拌和水从拌和物中分离出来，即泌水。在碾压混凝土中两者都会发生，但以前者居多。

骨料分离是由于拌和物各组分颗粒大小和密度的不同，在拌和、运输、卸料、平仓过程中，大的颗粒由于质量大而保持的动能大些，故大颗粒骨料容易分离，再加上碾压混凝土拌和物干硬、松散、灰浆黏附作用较小，所以极易发生分离。骨料分离的混凝土均匀性与密实性差，层间结合薄弱，水平碾压施工缝易漏水。

（1）改善骨料分离措施：优选抗分离性好的混凝土配合比，适当减少大颗粒石子的用量或增大砂率，提高砂中细粉含量，均可提高抗分离能力；多次薄层铺料一次碾压；减少卸料、装车时的跌落和堆料高度；采用防止或减少分离的铺料和平仓方法；在拌和机口和各中间转动料斗的出口，均应设置缓冲设施改善骨料分离状况。

泌水主要是在混凝土碾压完成后，水泥及粉煤灰颗粒在骨料之间空隙中下沉，水被排挤上升，从混凝土表面析出。泌水的危害在于：使碾压层上部水分增加，水灰比增大，混凝土强度降低，而下部正好相反，这样同一层混凝土出现"上弱下强"的现象，且均匀性降低。减弱上下层之间的层间黏结强度。水的上升途径将为渗漏水提供通道，降低了结构的抗渗能力。造成大颗粒骨料下表面水的聚集，形成硬化混凝土性能的薄弱区。

(2) 减少泌水的措施：首先从配合比设计时予以控制，如选用适宜的砂率，掺优质粉煤灰减少水灰比，掺用外加剂等；拌和时严格按规定标准配合比配料拌和，特别要严格控制拌和用水量；此外严禁向积水中卸料、排铺，雨天施工时未碾压的拌和物须覆盖防雨。

3. 表观密度

碾压混凝土的表观密度一般指振实密度，即碾压混凝土振实到接近配合比设计理论密度时的密度。碾压混凝土振实密度随着用水量和振动时间不同而变化。相同用水量的碾压混凝土，振动时间增加，密度增加；振动时间相同时，不同用水量的碾压混凝土，随着用水量的增加，密度增加。相应于最大密度的含水量为最优用水量。超过最优用水量后，密度反而下降。施工现场一般用核子密度计测定碾压混凝土的表观密度来控制碾压质量。

4. 凝结时间

由于碾压混凝土水泥用量少，粉煤灰掺量大，其拌和物凝结时间般较常规混凝土凝结时间长。影响碾压混凝土拌和物凝结时间的主要因素有：水泥品种和用量、水胶比、环境温度、外加剂品种及粉煤灰掺量等。碾压混凝土拌和物初凝时间随粉煤灰掺量增加，随环境温度的提高而减少，随着 VC 值增加而减少，其中以温度的影响最为显著。

第三节　碾压混凝土的配合比要求

混凝土的配合比应满足工程设计的各项指标及施工工艺的要求。

配合比设计参数选定有如下几点：

(1) 掺和料掺和通过试验确定，掺量超过水泥用量的 65% 时，应做专门试验论证。

(2) 水胶比。应根据设计提出混凝土强度、拉伸变形、绝热温升和抗冻性等要求，通过试验确定水胶比，水胶比一般不大于 0.7。

(3) 砂率。砂率大小直接影响混凝土的施工性能、强度及耐久性，在确定碾压混凝土配合比时，应通过试验选取最佳砂率值。使用天然砂石料时三级配碾压混凝土的砂率为 28%~32%，二级配时为 32%~37%；使用人工砂石料时砂率应增加 3%~6%。

(4) 单位用水量。可根据碾压混凝土施工工作度（VC 值）、骨料的种类及最大粒径、砂率以及外加剂等选定。单位用水量的选取，在满足可碾性情况下，通常取用较小的单位用水量，以节约水泥和掺和料。三级配碾压混凝土，用水量可为 70~110kg/m³。

(5) VC 值。为了保证碾压混凝土的可碾性，泛浆性以及层面结合质量，拌和物现场 VC 值在 5~15s 比较合适。碾压混凝土拌和物的设计工作度（VC 值）可选用 5~12s，机口（VC 值）值应根据施工现场的气候条件变化动态选用和控制，机口值可在 5~12s 范围内。实际施工时，由于各种因索都会影响到现场的 *VC* 值，因此，在满足现场正常碾压的条件下，搅拌机口 *VC* 值可低于 5s。

（6）胶凝材料用量。每立方米碾压混凝土胶凝材料用量低于 120kg 时，则硬化后的混凝土，抗渗性能差。为了保证配制出的碾压混凝土满足水工大体积混凝土抗渗要求。大体积永久建筑物碾压混凝土的胶凝材料用量不宜低于 130kg/m³。

第四节 碾压混凝土的施工工艺

碾压混凝土的浇筑过程如图 9-1 所示。

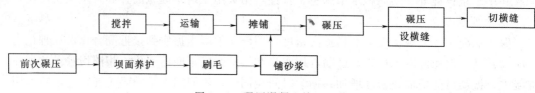

图 9-1 碾压混凝土施工工艺

1. 铺筑前准备

碾压混凝土施工的特点是快速、连续的高度机械化施工，整个生产系统的任一个环节出现故障、协调或不配套情况，都会影响工程进度及碾压混凝土施工特点的发挥。因此，碾压混凝土铺筑前，应对砂石料生产及储存系统，原材料供应，混凝土制备、运输、铺筑、碾压和检测等设备的能力、工况以及施工措施等，结合现场碾压试验进行检查，当其符合有关技术文件要求后，方能开始施工。

在凹凸不平的基岩面上，不便于进行碾压混凝土的铺筑施工，因此碾压混凝土铺筑前应浇筑一定厚度的垫层混凝土，达到找平的目的。

碾压混凝土宜采用能适应施工和连续施工的模板，并需满足振动碾能靠近模板碾压作业。因此，模板的选择和机械设备配备是同等重要的。模板设计应能够满足碾压混凝土快速、连续施工的要求，为了便于周边的铺筑作业，不宜设斜向拉条。止水、进出仓口和孔洞结构部位，是要求较高或容易出现问题的部位，在设计中应加以重视。下游面可采取台阶型式，但台阶高度不宜太小。

2. 拌和

强制式搅拌机适于拌制于硬性混凝土。根据国外施工经验及国内水口水电站导墙、观音阁水库大坝、江垭电站大坝的施工实践，用强制式搅拌机拌制碾压混凝土，不仅质量好，而且拌和时间短。根据国内外施工实践，自落式等其他类型的搅拌机也可拌制出质量好的碾压混凝土。

搅拌设备的称量系统应灵敏、精确、可靠，并应定期检定，保证在混凝土生产过程中，满足称量精度要求。检定称量系统，除了检查称量装置器件本身的精度外，还必须检查实际配料结果。

细骨料含水率的变化将明显影响混凝土拌和物的工作度及水胶比。现代化搅拌楼一般配备砂含水率快速测定装置，具备相应拌和水量调节补偿功能。

实践表明，混凝土拌和均匀所需时间受混凝土配合比、搅拌设备类型、投料顺序及拌和量的影响，故应通过拌和试验确定投料顺序和拌和时间。

碾压混凝土卸料时落差越大，骨料分离越严重。因此，卸料斗的出料口与运输工具之间的自由落差不宜大于 1.5m。

3. 运输

根据国内外施工实践，自卸汽车、皮带输送机、负压溜槽（管）、专用垂直溜管都比较成熟，缆机、门机、塔机也可作为辅助运输机具。

采用自卸汽车运输混凝土时，车辆行走的道路必须平整，自卸汽车入仓前应将轮胎清洗干净并防止将泥土、水带入仓内；在仓面行驶的车辆应避免急刹车、急转弯，以免破坏强度还不高的混凝土表面，并影响层面胶结。结构物上预留的通行缺口，可以在后续施工时补齐。

采用皮带输送机运输混凝土时，应采取措施以减少骨料分离，采用适当的刮刀和清扫装置，降低灰浆损失率，并应有遮阳、防雨设施。

各种运输机具在转运或卸料时，出口处混凝土自由落差均不宜大于 1.5m，超过 1.5m，宜加设专用垂直溜管或转料漏斗。

4. 卸料和平仓

国采用斜层平推法的目的主要是减小浇筑作业面积，缩短层间间隔时间。施工实践表明，斜层平推法可以用较小的浇筑能力浇筑较大面积的仓面，即达到减少投入、提高工效、降低成本和改善层面结合质量的目的。在气温较高的季节，采取这种施工方法效果更为明显。

斜层坡度达 1∶10 左右时，可进行正常施工，坡度过陡，不易保证铺料厚度均匀。避免在坡脚部位形成薄层尖角和严格清除二次污染是保证斜层平推法施工质量的两个主要问题。因薄层尖角部位的骨料易被压碎，在坡脚伸出一个平段是避免形成薄层尖角的一个有效的方法如图 9-2 所示。

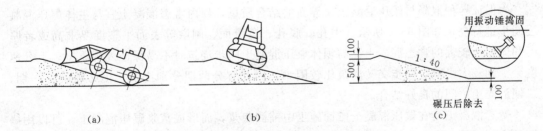

图 9-2 斜层平推施工方法
(a) 用装载机修整斜面；(b) 振动碾压；(c) 末端处理

碾压混凝土铺筑层应以固定方向逐条带铺筑；坝体迎水面 3~5m 范围内，平仓方向宜与坝轴线方向平行。

采用自卸汽车直接进仓卸料时，应控制料堆高度，卸料堆旁出现的分离骨料，应在平仓过程中均匀散布到混凝土内。当压实厚度为 30cm 左右时，可一次平仓铺筑，为了改善分离状况或压实厚度较大时，可分 2~3 次铺筑。根据施工实践，压实厚 30cm 时，采用推土机将混凝土推离卸料位置平仓，可以达到较好的改善分离状态的效果。平仓后混凝土表面应平整，碾压厚度应均匀。

5. 碾压

振动碾机型的选择，应考虑碾压效率、激振力、滚筒尺寸、振动频率、振幅、行走速度、维护要求和运行可靠性。

碾压方向尽量垂直水流方向，可避免碾压条带接触不良形成渗漏通道。迎水面3～5m范围内碾压方向一定要垂直于水流方向。

压实密度的数值是碾压混凝土是否压实的主要标志，故施工过程中应跟随碾压作业进行检测。当所测密度低于规定指标时，可增加碾压遍数。无振碾压可以弥合细微的表面裂纹，故有些工程常采用先振动碾压，再无振碾压。

碾压工作应在混凝土拌和开始后2h内完成。对于气温较高的天气，应缩短混凝土拌和至碾压之间的时间。

6. 成缝

碾压混凝土切缝机具有切缝，设置诱导孔或预置隔缝板等功能。根据工程具体情况切缝机切缝有"先碾后切"和"先切后碾"两种方式。

7. 层、缝面处理

为了确保混凝土层间结合良好，必须对施工缝和冷缝进行缝面处理。缝面处理可用刷毛、冲毛等方法清除混凝土表面的浮浆及松动骨料。层面处理完成并清洗干净，经验收合格后，先铺垫层拌和物，然后立即铺筑上一层混凝土继续施工。冲毛、刷毛时间可根据施工季节、混凝土强度、设备性能等因素，经现场试验确定。垫层拌和物可使用与碾压混凝土相适应的灰浆、砂浆或小骨料混凝土。灰浆的水胶比与碾压混凝土相同，砂浆和小骨料混凝土的强度等级应提高一级，砂浆的摊铺厚度为1.0～1.5cm，并立即在其上摊铺碾压混凝土进行碾压。

8. 异种混凝土浇筑及变态混凝土浇筑

为保证异种混凝与碾压混凝土交界面的结合质量，坝内常态混凝土宜与主体碾压混凝土同步进行浇筑如图9-3所示。中孔、底孔、溢流面、闸墩等表面平整度要求高或者厚度和体积比较大的常态混凝土，与坝体碾压混凝土同步浇筑时不易保证外观质量，上升速度会受到较大影响，同步交叉浇筑比较困难，因此宜分两期分别浇筑，但必须确保一期、二期混凝土之间的良好结合。

变态混凝土是在碾压混凝土摊铺施工中铺洒灰浆，而形成富浆碾压混凝土，可以用捣固的方法捣固密实，应随着碾压混凝土施工逐层进行。强力振捣是保证变态混凝土均匀性、上下层结合以及与碾压区结合质量的必要措施（图9-4）。

9. 养护

在施工过程中，碾压混凝土的仓面要保持湿润，碾压混凝土终凝后即应开始洒水养护。对永久暴露面，养护时间不宜少于20d。

台阶状表面的棱角部位，容易发生裂缝，须加强养护。

10. 特殊气象条件下的施工

在降雨强度小于3mm/h的条件下，可采取措施继续施工。当降雨强度达到或超过

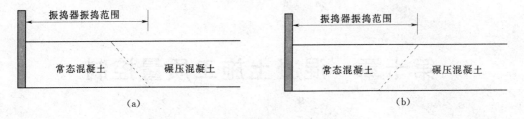

图 9-3　异种混凝土结合部位的处理

(a) 先浇常态混凝土后铺筑碾压混凝土；(b) 先铺筑碾压混凝土后浇常态混凝土

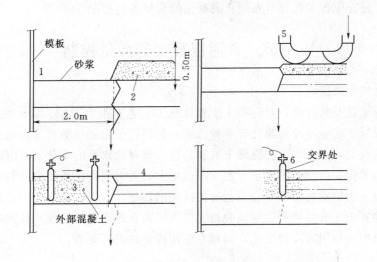

图 9-4　碾压混凝土与常态混凝土结合部位的捣固

1—摊铺砂浆；2—摊铺碾压混凝土第二层；3—常态混凝土浇捣；4—摊铺
第三层碾压混凝土；5—压实碾压混凝土；6—交界处再捣固

3mm/h 时，应停止拌和，并迅速完成尚未进行的卸料、平仓和碾压作业。刚碾压完的仓面应采取防雨保护（用塑料薄膜覆盖）和排水措施。

在大风条件下，混凝土表面水分散失迅速，为了保证碾压密实和良好的层间结合，应采取喷雾补偿水分等措施，保持仓面湿润。

日平均气温高于 25℃，应大幅度削减层间间隔时间，采取防高温、防日晒和调节仓面局部小气候等措施，以防止混凝土在运输、摊铺和碾压时，表面水分迅速蒸发散失。

日平均气温低于 3℃时或最低气温低于 -3℃，应采取低温施工措施。

复 习 思 考 题

9-1　简述碾压混凝土的施工工艺。

9-2　如何防止碾压混凝土的骨料分离？

9-3　碾压混凝土的施工特点是什么？

第十章 混凝土施工质量控制

为保证混凝土质量达到设计要求，不断提高混凝土施工质量，应对混凝土的原材料、配合比、施工过程中各主要环节及硬化混凝土的质量进行控制。

第一节 普通混凝土的质量控制

一、原材料的质量控制

原材料的质量及其波动，对混凝土质量及施工工艺有很大影响。如水泥强度的波动，将直接影响混凝土的强度及抗冻性等各种性能。各级石子超逊径颗粒含量的变化，将导致混凝土级配的改变，并影响新拌混凝土的和易性。骨料含水量的变化，对混凝土的水灰比影响极大。为了保证混凝土的质量，在生产过程中，需对混凝土所用原材料进行检验和质量控制。混凝土的原材料必须符合现行有关标准的规定。水泥、砂、石子、掺合料及外加剂等应逐批检查出厂合格证和进场试验报告。为了防止因市场供应混乱而产生的混料及错批，或由于时间效应引起质量变化，材料在使用前最好进行复验。

1. 水泥

配制混凝土用的水泥应符合国家现行标准的有关规定。

水泥应按不同品种、强度等级按批分别存储在专用的仓罐或水泥库内。如因存储不当引起质量有明显降低或水泥出厂超过三个月（快硬硅酸盐水泥为一个月）时，应在使用前对其质量进行复验，并按复验的结果使用。进场水泥每 200～400t 同品种、同强度等级的水泥为一取样单位，如不足 200t 亦作为取样单位，取样量不少于 10kg。按规定检查其强度、安定性、细度、凝结时间、密度等是否符合国家标准。现场检测的水泥指标与生产厂家品质试验报告进行比较，可以发现水泥生产、转运、储存和保管的水平。

水泥出厂不但强度等级需要达到要求，而且强度波动愈小愈好，因为水泥强度等级的变异必然会反映在混凝土强度上。水泥的细度太粗或过细，都将影响混凝土的凝结时间，并会使混凝土强度降低。安定性不合格的水泥使用在建筑物上，会导致混凝土松散或膨胀开裂。水泥的安定性、细度、凝结时间、密度等指标均可在 1d 内测定完成，水泥强度可用快速法检测，以此来控制水泥的质量。

水泥强度的快速测定方法如下：

按配合比称取胶砂试验用料，加入适量专用促凝剂，用胶砂搅拌机搅拌，将搅拌好的胶砂装入 40mm×40mm×60mm 的试模中，用振动台振捣成型，立即将试件连同试模一同放入沸煮箱内，沸煮箱的水温应在 15min 内升至 100℃，试件在蒸汽养护条件下到规定时间为止（规定时间有 1h、1.5h、4h 不等），取出试件，拆膜后即可进行快硬胶砂抗压强度试验。将快硬胶砂强度值代入事先建立的同材料水泥胶砂强度推定式，即可推算出水泥胶砂标准养护 28d 龄期的强度值。

2. 掺合料

用于混凝土中的掺合料，其烧失量及有害物质含量等质量指标应通过试验，确认符合混凝土质量要求时，方可使用。选用的掺合料，应使混凝土达到预定改善性能的要求或在满足性能要求的前提下取代水泥。其掺量应通过试验确定，其取代水泥的最大取代量应符合有关标准的规定。掺合料在运输与存储中，应有明显标志。严禁与水泥等其他粉状材料混淆。

3. 细骨料（砂）

在细骨料采挖生产现场，主要控制砂料级配、表面含水率和杂质的有害成分。砂子的颗粒级配用细度模数表示，细度模数在 2.4～2.8 之间较理想。同时要求砂表面含水率比较稳定，在砂料场布置时应设三个料仓，即生产湿砂仓、正在排水砂仓和可使用砂仓，并有良好的排水设施。一般洗砂后的脱水时间不少于 48h，使表面含水率稳定并小于 6％。砂细度模数每班至少检查一次，检查结果超出 ±0.2％则需调整混凝土配合比。

4. 粗骨料（石子）

粗骨料在生产、采集、运输与存储过程中，严禁混入影响混凝土性能的有害物质。粗骨料应按品种、规格分别堆放，不得混杂。在其装卸及存储时，应采取措施，使骨料颗粒级配均匀，保持洁净。生产现场对粗骨料主要控制其超逊径含量，骨料的超逊径影响骨料的级配和混凝土的和易性。当骨料在倒运过程中破碎严重时，需进行二次筛分处理。各级石子表面含水率要稳定，表面含水率的波动应在 ±0.2％以内。

5. 水

拌制各种混凝土的用水应符合国家现行标准的规定。不得使用海水拌制钢筋混凝土和预应力混凝土。不宜用海水拌制有饰面要求的素混凝土。拌制和养护混凝土的用水，一方面要考虑杂质对混凝土性质的影响；另一方面也要考虑允许杂质含量的程度。这种水不得含有多量对水泥的凝结硬化起不良影响的物质，不得影响混凝土的强度和耐久性。

6. 外加剂

用于混凝土的外加剂的质量应符合现行国家标准的规定。选用外加剂时，应根据混凝土的性能要求、施工工艺及气候条件，结合混凝土的原材料性能、配合比以及对水泥的适应性等因素，通过试验确定其品种和掺量。选用的外加剂应具有质量证明书，需要时还应检验其氯化物、硫酸盐等有害物质的含量，经验证确认对混凝土无有害影响时方可使用。不同品种外加剂应分别存储，做好标记，在运输与存储时不得混入杂物和遭受污染。工地自制的外加剂和无出厂合格证的产品，其质量须进行检验。现场掺用的减水剂浓缩物，以 5t 为取样单位，加气剂以 200kg 为取样单位。对配制的外加剂溶液浓度，每班至少检查一次。

二、混凝土的质量检测与控制

混凝土的质量检测与控制，包括混凝土拌和物和硬化混凝土的质量检测与控制两个部分。各种混凝土拌和物均应检验其稠度。掺引气型外加剂的混凝土拌和物应检验其含气量，根据需要应检验混凝土拌和物的胶水比或灰水比、水泥含量及均匀性。

1. 混凝土拌和物

对混凝土拌和物进行质量检测，可以尽早发现拌和过程中的问题，以便及时采取措施加以纠正，它是加强混凝土施工质量控制的重要环节。

（1）和易性检查。混凝土的和易性通常采用坍落度或维勃稠度来评定，坍落度或维勃稠度受骨料表面含水率、砂细度模数、粗骨料超逊径和配料误差等因素的影响，会产生一定的波动。因此，混凝土拌和物的和易性应符合施工配合比的规定。每个工作班在拌和机卸料的首尾两部分各取一个试样，每个试样不少于 30kg，至少应检查混凝土在浇筑地点的坍落度或维勃稠度两次。混凝土拌和物根据其坍落度大小，可分为 4 级，坍落度及其允许偏差应符合表 1-2 的规定。混凝土拌和物根据其维勃稠度大小，可分为 4 级，维勃稠度及其允许偏差应符合表 1-4 的规定。

（2）含气量的稳定性。掺引气剂的混凝土，对含气量的控制更应注意。因为含气量超过规定的数量，将会引起混凝土强度的降低，造成质量事故。掺引气型外加剂混凝土的含气量应满足设计和施工工艺的要求。根据混凝土采用粗骨料的最大粒径，其含气量的限值不宜超过表 1-23 的规定。

（3）水灰比的控制。混凝土的强度与其水胶比或水灰比有很大关系。由于水泥质量可以精确称量，保持同一水胶比或水灰比的问题实质上就是控制用水量的问题。解决这一问题的关键主要根据骨料表面含水率的变化而调整拌和加水量。由于混凝土强度与胶水比或灰水比呈线性关系，在施工现场对混凝土水胶比或水灰比进行控制，也就间接地对混凝土强度进行了控制。

（4）混凝土拌和物应拌和均匀，颜色一致，不得有离析和泌水现象。检查混凝土拌和物均匀性时，应在搅拌机卸料过程中，从卸料流的 1/4～3/4 之间部位采取试样，进行试验，其检测结果应符合：混凝土中砂浆密度两次测值的相对误差不应大于 0.8%；单位体积混凝土中粗骨料含量两次测值的相对误差不应大于 5%。

2. 混凝土施工

（1）拌和。拌和设备投入混凝土生产前，应按经批准的混凝土施工配合比进行最佳投料顺序和拌和时间的试验。混凝土拌和必须按照试验部门签发并经审核的混凝土配料单进行配料，严禁擅自更改。

混凝土组成材料的配料量均以质量计。称量的允许误差，不应超过表 10-1 的规定。

表 10-1　　　　　　　　混凝土材料称量的允许误差

材 料 名 称	称量允许误差 （%）	材料名称	称量允许误差 （%）
水泥、掺合料、水、冰、外加剂溶液	±1	骨料	±2

混凝土拌和时间应通过试验确定。表 10-2 中所列最少拌和时间，可参考使用。

入机拌和量应在搅拌机额定容量的 110% 以内。加冰混凝土的拌和时间应延长 30s（强制式 15s），出机的混凝土拌和物中不应有冰块。混凝土掺合料在现场宜用干掺法，且应保证拌和均匀。外加剂溶液中的水量，应在拌和用水量中扣除。拌和楼进行二次筛分后的粗骨料，其超逊径应控制在要求范围内。

表 10-2　　　　　　　　　　　　　　混凝土最少拌和时间

拌和机容量 Q （m³）	最大骨料粒径 （mm）	最少拌和时间（s）	
		自落式拌和机	强制式拌和机
$0.8 \leqslant Q \leqslant 1$	80	90	60
$1 < Q \leqslant 3$	150	120	75
$Q > 3$	150	150	90

　　混凝土拌和物出现下列情况之一者，按不合格料处理：错用配料单已无法补救，不能满足质量要求；混凝土配料时，任意一种材料计量失控或漏配，不符合质量要求；拌和不均匀或夹带生料；出机口混凝土坍落度超过最大允许值。

　　（2）运输。选择混凝土运输设备及运输能力，应与混凝土拌和、浇筑能力、仓面具体情况相适应。所用的运输设备，应使混凝土在运输过程中不致发生分离、漏浆、严重泌水、过多温度回升和坍落度损失。同时运输两种以上强度等级、级配或其他特性不同的混凝土时，应设置明显的区分标志。混凝土在运输过程中，应尽量缩短运输时间及减少转运次数。掺普通减水剂的混凝土运输时间不宜超过表 10-3 的规定。因故停歇过久，混凝土已初凝或已失去塑性时，应作废料处理。严禁在运输途中和卸料时加水。在高温或低温条件下，混凝土运输工具应设置遮盖或保温设施，以避免天气、气温等因素影响混凝土质量。混凝土的自由下落高度不宜大于 1.5m。超过时，应采取缓降或其他措施，以防止骨料分离。用汽车、侧翻车、侧卸车、料罐车、搅拌车及其他专用车辆运送混凝土时，应遵守下列规定：运输混凝土的汽车应为专用，运输道路应保持平整。装载混凝土的厚度不应小于 40cm，车厢应平滑密闭不漏浆。每次卸料，应将所载混凝土卸净，并应适时清洗车厢（料罐）。运输和卸料过程中，应避免混凝土分离，严禁向溜筒（管、槽）内加水。当运输结束或溜筒（管、槽）堵塞经处理后，应及时清洗，且应防止清洗水进入新浇混凝土仓内。

表 10-3　　　　　　　　　　　　　　　混凝土运输时间

运输时段的平均气温（℃）	混凝土运输时间（min）
20～30	45
10～20	60
5～10	90

　　（3）浇筑。建筑物地基必须经验收合格后，方可进行混凝土浇筑仓面准备工作。清洗后的岩基在浇筑混凝土前应保持洁净和湿润。在混凝土覆盖前，应做好基础保护。

　　基岩面和新老混凝土施工缝面在浇筑第一层混凝土前，可铺水泥砂浆、小级配混凝土或同强度等级的富砂浆混凝土，保证新混凝土与基岩或新老混凝土施工缝面结合良好。

　　混凝土的浇筑，可采用平铺法或台阶法施工。应按一定厚度、次序、方向，分层进行，且浇筑层面平整。台阶法施工的台阶宽度不应小于 2m。在压力钢管、竖井、孔道、廊道等周边及顶板浇筑混凝土时，混凝土应对称均匀上升。混凝土浇筑坯层厚度，应根据拌和能力、运输能力、浇筑速度、气温及振捣能力等因素确定，一般为 30～50cm。根据振捣设备类型确定浇筑坯层的允许最大厚度可参照表 10-4 规定；如采用低塑性混凝土及大型强力振捣设备时，其浇筑坯层厚度应根据试验确定。

表 10-4　　　　　　　　　　混凝土浇筑坯层的允许最大厚度

振 捣 设 备 类 别		浇筑坯层允许最大厚度
插入式	振捣机	振捣棒（头）长度的 1.0 倍
	电动或风动振捣器	振捣棒（头）长度的 0.8 倍
	软轴式振捣器	振捣棒（头）长度的 1.25 倍
平板式	无筋或单层钢筋结构中	250mm
	双层钢筋结构中	200mm

混凝土浇筑的振捣应遵守下列规定：

混凝土浇筑应先平仓后振捣，严禁以振捣代替平仓。振捣时间以混凝土粗骨料不再显著下沉，并开始泛浆为准，应避免欠振或过振。严禁振捣器直接碰撞模板、钢筋及预埋件。在预埋件特别是止水片、止浆片周围，应细心振捣，必要时辅以人工捣固密实。

混凝土浇筑过程中，严禁在仓内加水；混凝土和易性较差时，必须采取加强振捣等措施；仓内的泌水必须及时排除；应避免外来水进入仓内，严禁在模板上开孔赶水，带走灰浆；应随时清除粘附在模板、钢筋和预埋件表面的砂浆；应有专人做好模板维护，防止模板位移、变形。

混凝土浇筑允许间歇时间应通过试验确定。掺普通减水剂混凝土的允许间歇时间可参照表 10-5。如因故超过允许间歇时间，但混凝土能重塑者，可继续浇筑。

表 10-5　　　　　　　　　　混凝土的允许间歇时间

混凝土浇筑时的气温（℃）	允 许 间 歇 时 间（min）	
	中热硅酸盐水泥、硅酸盐水泥、普通硅酸盐水泥	低热矿渣硅酸盐水泥、矿渣硅酸盐水泥、火山灰质硅酸盐水泥
20～30	90	120
10～20	135	180
5～10	195	—

浇筑仓面出现下列情况之一时，应停止浇筑：混凝土初凝并超过允许面积；混凝土平均浇筑温度超过允许偏差值，并在 1h 内无法调整至允许温度范围内。

浇筑仓面混凝土料出现下列情况之一时，应予挖除：错用配料单已无法补救，不能满足质量要求；混凝土配料时，任意一种材料计量失控或漏配，不符合质量要求；拌和不均匀或夹带生料；下到高等级混凝土浇筑部位的低等级混凝土料；不能保证混凝土振捣密实或对建筑物带来不利影响的级配错误的混凝土料；长时间不凝固超过规定时间的混凝土料。

（4）养护。混凝土浇筑完毕后，应及时养护，保持混凝土表面湿润。混凝土浇筑完毕后，养护前宜避免太阳光曝晒。塑性混凝土应在浇筑完毕后 6～18h 内开始养护，低塑性混凝土宜在浇筑完毕后立即养护。混凝土应连续养护，养护期内始终使混凝土表面保持湿润。混凝土养护时间，不宜少于 28d，有特殊要求的部位宜适当延长养护时间。

3. 硬化混凝土

对硬化混凝土的质量检测，是在施工过程中按规定的时间和数量在拌和地点（机器）或浇筑地点（仓面），抽取有代表性的样品，制作各种试件，养护至规定龄期，进行混凝土物理力学性能（强度、抗冻、抗渗等）试验，以检验混凝土的各项性能是否满足设计要求，并评定混凝土质量和为工程验收提供原始资料。

对硬化混凝土还应从外观上检测其表面有无缺陷，如有缺陷及损伤，应加以修补。对混凝土外观检查认为有疑问或工程验收时，有时还要对建筑物本体混凝土质量进行检测。对表层混凝土可用回弹仪或凿取试件的办法。对内部混凝土，可用超声波来检测它的密实性及强度。对大体积混凝土建筑物，如大坝，可用钻机钻取混凝土芯样，并在钻孔内进行压水试验，以检测混凝土的强度、抗渗性等。

（1）混凝土早期强度检验。由于混凝土从拌和到产生足够强度，需要相当长的时间，靠硬化混凝土的后期强度，不仅难以指导施工，而且给施工现场控制混凝土质量带来困难。随着工程施工现代化的发展和工程质量管理的需要，必须对混凝土质量进行早期判定。

沸煮法可以对混凝土进行早期快速判定，它是将混凝土试块放在沸水中蒸煮后检验其强度，乘以换算系数而推定标准养护的强度。换算系数按式（10-1）计算。即

$$换算系数 = \frac{\sum(f_{cu,k}/f_{cu,z})}{n} \tag{10-1}$$

式中　　n——试块组数，$n \geq 10$；

　　　　$f_{cu,k}$——混凝土 28d 立方体抗压强度标准值，MPa；

　　　　$f_{cu,z}$——混凝土早期的立方体抗压强度，MPa。

测定步骤如下：

按规定要求将混凝土试样入模并振实，用薄膜覆盖表面，放在（20±5）℃的环境中静置 24h。拆模后将试块放入沸煮箱中煮沸，若强度较低，可带模入箱。试件入箱后，应使水温在 15min 内恢复到沸点。试件在保持沸腾的水中养护 4h±15min。取出试件后静置 1h±10min，试件于龄期为 29h±15min 时进行试压，其强度即为 $f_{cu,z}$。混凝土推定强度 $f_{cu,t}$＝换算系数×$f_{cu,z}$，$f_{cu,t}$ 只能作为生产过程中质量控制和配合比设计调整之用。

（2）混凝土强度检验。重要结构的混凝土，应以数理统计方法检验评定混凝土强度。

验收批混凝土强度平均值和最小值应同时满足式（10-2）、式（10-3）要求。

$$mf_{cu,k} \geq f_{cu,k} + kt\sigma \tag{10-2}$$

$$f_{cu,min} \geq \begin{cases} 0.85 f_{cu,k} & (\leq C_{90}20) \\ 0.90 f_{cu,k} & (> C_{90}20) \end{cases} \tag{10-3}$$

式中　　$mf_{cu,k}$——混凝土强度平均值，MPa；

　　　　$f_{cu,k}$——混凝土设计龄期的强度标准值，MPa；

  k——合格判定系数，根据验收批统计组数 n 值，按表 10-6 选取；

  t——概率度系数，可参考表 10-7 取值；

  σ——验收批混凝土强度标准差，MPa；

  $f_{cu,min}$——n 组强度中的最小值，MPa。

表 10-6   合格判定系数 k 值表

n	2	3	4	5	6~10	11~15	16~25	>25
k	0.71	0.58	0.50	0.45	0.36	0.28	0.23	0.20

表 10-7   保证率和概率度系数关系

保证率 P（％）	65.5	69.2	72.5	75.8	78.8	80	82.9
概率度系数 t	0.4	0.5	0.6	0.7	0.8	0.84	0.95
保证率 P（％）	85	90	93.3	95	97.7	99.9	—
概率度系数 t	1.04	1.28	1.5	1.65	2	3	—

  验收批混凝土强度标准差 σ 计算值小于 $0.06f_{cu,k}$ 时，应取 $\sigma=0.06f_{cu,k}$。

三、质量控制图

  在水利水电工程施工中，常将质量检查得到的各种指标，如水泥的强度等级、混凝土的坍落度、水灰比、强度等，绘制成质量控制图。

  例如，绘制强度质量控制图时，可用横坐标表示浇筑时间或试件编号，用纵坐标表示强度测定值，以平均强度（$mf_{cu,k}$）作为中心控制线，以平均强度加减三倍的标准差（$mf_{cu,k}\pm3\sigma$）作为上、下控制线，将连续测得的强度值依次绘入图 10-1 中。

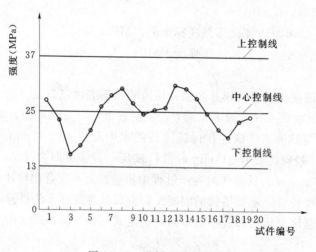

图 10-1   混凝土强度控制图

  从质量控制图的变动趋势，可以判断生产是否正常，如果点子在中心控制线的两边均匀分布且靠近的点子较多，即为正常。如果点子显著偏离中心控制线或分布在一侧，特别是有点子超出上、下控制线，说明质量已经失去控制，应立即查明原因，加以解决。

【例 10-1】 按［例 1-13］的条件及结果，并测得 20 组试件的强度值列于表 10-8 中，绘制混凝土强度控制图，判断平湖大坝水位变化区的混凝土是否满足强度要求。

解：

（1）根据表 10-8，算出该批混凝土的平均强度 $mf_{cu,k}=25\text{MPa}$，由［例 1-13］的结果 $\sigma=4.0\text{MPa}$。并以此作为中心控制线绘于图 10-1 中。

表 10-8　　　　　　　　　碧水大坝水位变化区混凝土强度测定值

试件组数编号	1	2	3	4	5	6	7	8	9	10
每组强度（MPa）	26.5	24.0	17.2	17.9	21.2	25.6	29.7	31.3	27.9	24.9
试件组数编号	11	12	13	14	15	16	17	18	19	20
每组强度（MPa）	25.1	26.0	32.8	32.1	28.8	24.4	20.3	18.7	22.1	23.5

（2）$mf_{cu,k}+3\sigma=25+3\times4=37\text{MPa}$，并以此作为上控制线绘于图 10-1 中。

（3）$mf_{cu,k}-3\sigma=25-3\times4=13\text{MPa}$，并以此作为下控制线绘于图 10-1 中。

（4）将表 10-8 的强度值绘于图 10-1 中。由图 10-1 可知该工程的混凝土生产正常。

第二节　预制构件的结构性能检验

预制混凝土构件性能检验的项目，钢筋混凝土构件有强度、刚度和裂缝。预应力混凝土构件有强度、刚度、抗裂度和裂缝。强度试验是指破坏荷载试验，刚度试验是指在某荷载时的挠度，抗裂度是指第一次出现裂缝的荷载值，裂缝是指某荷载时的裂缝宽度。进行结构性能检验时，混凝土强度应达到设计所要求的强度等级。非预应力混凝土预制构件，应按钢筋混凝土构件进行检验。设计图纸对结构性能检验有专门要求时，应按设计要求进行检验。

对同类型产品进行抽样检验时，试件宜从设计荷载最大、受力最不利或生产数量最多的构件中抽取。成批生产的构件，同工艺，同类型，每 1000 件（但不超过 3 个月）为一批，每批抽查 1 件。连续抽查 10 批，每批结构的性能均符合要求时，对同一工艺正常生产的同一类型构件，可改按每 2000 件（但不超过 3 个月）为一批，每批抽查 1 件。

（1）试验准备工作。试验用的加荷设备、仪表、工具、应进行标定或校正。各种安全装置检查无误。详细测量试验构件的尺寸。仔细检查试验构件表面的缺陷，并在构件上标出。

（2）构件支承方式。梁、板、桁架等一般简支构件的支承方式（图 10-2），四边支承或四角支承的双向板支承方式（图 10-3），桁架立式加荷时的稳定系统装置（图 10-4）。

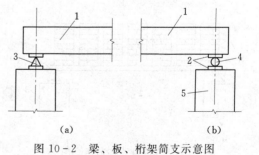

图 10-2　梁、板、桁架简支示意图

（a）铰支承；（b）滚动支承

1—构件；2—钢垫板；3—角钢；4—圆钢；5—支墩

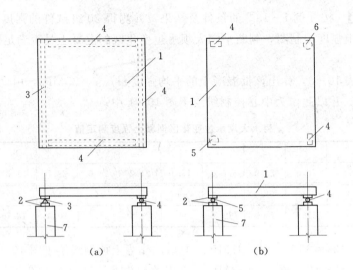

图 10-3 双向板支承示意图

(a) 四边支承；(b) 四角支承

1—构件；2—钢垫板；3—角钢；4—圆钢；5—半圆形钢球；6—钢球；7—支墩

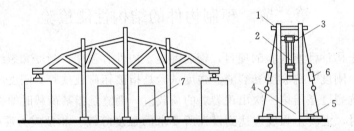

图 10-4 桁架试验稳定系统示意图

1—螺栓；2—构件；3—支架；4—支墩；5—固定螺栓；6—花篮螺栓；7—防护支承

（3）加荷方法。均布荷载宜采用荷重块加荷（图 10-5）。每垛荷重块之间，应有 50~80mm 的间隙。集中荷载宜采用千斤顶加荷，用荷载传感器或压力表测量其荷重（图 10-6）。或采用杠杆吊篮加荷（图 10-7），按式（10-4）计算。即

$$P = (1 + b/a) \times (Q + G/2) \qquad (10-4)$$

式中　P——节点所承受的荷载，N；

　　　a——杠杆左力臂；

　　　b——杠杆右力臂；

　　　Q——荷重篮及荷重块总重，N；

　　　G——杠杆自重，N。

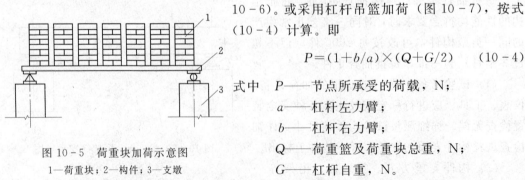

图 10-5 荷重块加荷示意图

1—荷重块；2—构件；3—支墩

（4）加荷程序与观察。构件自重作为第一次荷载。当荷载小于标准荷载时，每级加标准荷载的 20%。当荷载超过标准荷载时，每级加标准荷载的 10%。当荷载接近破坏荷载时，每级加标准荷载的 5%。需检验抗裂度时，在荷载达到计算抗裂荷载的 80% 以后，

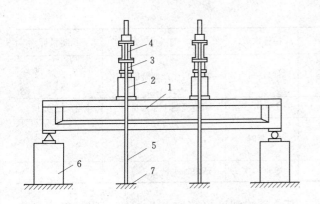

图 10-6　千斤顶加荷示意图
1—构件；2—千斤顶；3—荷载传感器；4—横梁；
5—拉杆；6—支墩；7—试验台座或地锚

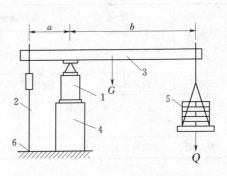

图 10-7　杠杆吊篮加荷示意图
1—构件；2—拉杆；3—杠杆；4—支墩；
5—荷重块；6—试验台座或地锚

每级加标准荷载的 5%。每级加荷完毕后，持续 10～15min，达到标准荷载时，持续 30min。每级加荷后应观察各项仪表的读数，钢筋的滑移值。构件两侧的裂缝可直接用刻度放大镜观测，构件底部的裂缝只允许用镜伸入观察，裂缝观察完毕，需在裂缝端部注上荷载百分数。根据强度测定值、观察的挠度、抗裂度及裂缝宽度，按设计图纸要求进行强度、刚度、抗裂度、裂缝等结构性能的判定。

第三节　特种混凝土的质量检验和控制

一、碾压混凝土质量检验与控制

碾压混凝土的质量是用 90d 检验结果评定的，这时工程结构已经形成，一旦质量不合格，就难以处理。因此，对生产过程每个环节的检验和控制就显得非常重要。

1. 原材料的检验与控制

根据施工规程规定，原材料现场检测项目和抽样次数按表 10-9 规定进行。

表 10-9　　　　　　　　　　原材料的检验项目和抽样次数

名　称	检测项目	取样地点	抽样次数	检测目的	控制目标
水泥	快速测定强度等级	搅拌厂水泥库	每一浇筑块或 400t 一次	验证水泥特性	
	密度、细度安定性、凝结、时间、强度等级	水泥库	每 400t 一次	检定出厂水泥质量是否符合国家标准	
混合材料	密度、细度、需水量比、强度比、烧失量	仓库	每批或每 200t 一次	检定活性，评定均匀性	
砂	表面含水率	搅拌厂料场	隔 1～2h 一次	调整加水量	
	细度模数	搅拌厂、筛分厂	每班一次	筛分厂生产控制，调整配合比	变化<±3%
	含泥量	搅拌厂、筛分厂	必要时		<3%

续表

名　称	检测项目	取样地点	抽样次数	检 测 目 的	控制目标
大中小石	超逊径	搅拌厂、筛分厂	每班一次	筛分厂生产调整配合比	超径<5%，逊径<±10%
中小石	表面含水率	搅拌厂、筛分厂	隔1～2h一次	调整混凝土加水量	变化<±0.1%
小石	黏土、淤泥、细屑含量	搅拌厂	必要时		
外加剂	有效物含量（或密度）	搅拌厂	每班一次	调整加水量	

碾压混凝土用水泥应符合国家标准，细骨料的细度模数取 2.2～3.0，粗骨料应严格控制各级之超逊径，以原孔筛检验时超逊径小于 5%，逊径小于 10%，细骨料应有一定的脱水时间，含水率宜小于 6%，当粗细骨料的含水率变化超过±0.2%时，应调整配合比。

由于碾压混凝土用水量较少，骨料含水的影响甚为突出，所以应加强对骨料含水率的测定，以便及时调整混凝土的加水量。含水率的测定应力求自动连续进行，如采用 SM-1 型砂子含水率测定仪可用表头显示砂的含水率，使用时将探头的极板安在砂称量斗内，探头可与砂仓和称量弧门同步，其测试原理为电容法，误差仅为±0.5%。

2. 新拌混凝土的检验与控制

为了控制好混凝土拌和物的配合比，除严格控制好砂石含水率外，应定期检查衡器，其称量误差不应超过表 10-10 的规定。新拌混凝土的质检，一般从机口取样，其要求按表 10-11 进行。拌和物均匀性检测应在机口与卸料处各取一次，用水洗法测粗骨料含量时，两个样品之差值应不大于 10%；用砂浆密度法测定时，两个样品之差值应不大于 30kg/m³。

表 10-10　　　　　　　　　　计 量 误 差 限 额 表

材料名称	水	水泥、粉煤灰	粗、细骨料	外加剂
称量误差	±1%	±1%	±2%	±1%

表 10-11　　　　　　　　　　机口拌和物的检查项目和频数

检查项目	取样频数	检查目的	控制目标
VC 值	1次/1h	控制拌和物可碾性	控制在规定的上、下限范围内
含气量	1次/1h	调整外加剂用量	一般在 1.5% 以内
混凝土温度	1次/1h	温控要求	低于设计要求的入仓温度
水胶比	1次/1h	控制混凝土强度	不大于标准值 0.02
抗压强度	1次/300～500m³	评定质量及施工水平	满足设计要求

维勃稠度 VC 值宜在±5s 范围内，超出时应调整配合比的用水量。但应注意 VC 值受气温及气象影响较大，因此，在不同季节和天气情况下，对 VC 值的要求不同。出机口 VC 值的调整，实质上是加水量的增减，VC 值由 10s 增加到 30s 时，混凝土拌和用水量

W 约减少 $8\sim10kg/m^3$。如果不改变胶凝材料用量，则相当于水胶比变化 $0.06\sim0.1$，从而引起混凝土强度的波动。因此，应依据各种条件，确定碾压混凝土的基准 VC 值，以 $VC-W$ 曲线查得相应用水量，并按"水胶比不变"的原则，计算胶凝材料用量及配合比。这样才能减少混凝土强度的波动，保证混凝土质量的均匀性。

拌和水灰比（水胶比）的测定，可以快速判定混凝土质量。按其测定原理可分为物理法和化学法两类。物理法是采用水洗和筛分混凝土拌和物以求得其中水和水泥的含量。化学法是采用强酸分解水泥，然后测定分解反应热或钙镁离子溶出量，和率定的水泥含量与反应热关系曲线或钙镁离子溶出量曲线比较，决定水泥量。

3. 机口混凝土的质量检验与控制

机口抽样是检测硬化混凝土质量和均匀性的常规方法。测定碾压混凝土的早期强度，比预测 90d 龄期的质量更显得十分必要。设计一般都对碾压混凝土提出抗渗性要求，所以在机口还应适量成型抗渗试件，检验碾压混凝土本身的不透水性。此外，还应根据工程要求成型弹模试件，极限拉伸试件等，以提供较准确的变形特性参数。还应预留一定数量的机口取样试件，与混凝土芯样同时进行对应试验，以在相同龄期条件下建立两者的相应关系。

4. 钻取芯样评定碾压混凝土质量

对碾压混凝土钻孔取芯，进行某些试验，以评定结构混凝土的质量和均匀性，是当前国内外普遍采用的方法，评定内容一般包括：芯样外观，获得率和孔内摄像，以评价碾压混凝土的均质性和内部密实性；孔内压水试验，评价混凝土的不透水性，特别是接缝的抗渗性；截取芯样试件，进行各项性能试验，评价碾压混凝土结构的物理力学性能。

二、泵送混凝土的质量检验与控制

泵送混凝土原材料，应按相应标准的规定进行试验，经检验合格后，方可使用。泵送混凝土原材料应妥善保管、存放，确保使用质量，且应符合国家现行标准的有关规定。原材料的储备量，应满足混凝土泵送要求。泵送混凝土用的碎石，不应大于输送管内径的 $1/3$，卵石不应大于输送管内径的 $2/5$。泵送混凝土用的砂，对 0.315mm 筛孔的通过量不应少于 15%，对 0.16mm 筛孔的通过量不应少于 5%。泵送混凝土的质量控制，应符合混凝土的可泵性及泵送要求。混凝土入泵时的坍落度及其误差，应符合表 10-12 的规定。当混凝土可泵性差，出现泌水、离析，难以泵送和浇灌时，应立即对配合比、混凝土泵、配管、泵送工艺等重新进行研究，并采取相应措施。

表 10-12　　　　　　　　　混凝土坍落度允许误差　　　　　　　　　单位：mm

所需坍落度	坍落度允许误差
≤100	±20
>100	±30

三、季节混凝土的质量检验与控制

1. 夏季混凝土的质量检验与控制

夏季混凝土施工应降低混凝土浇筑温度。降低料仓骨料温度，宜采取下列措施：成品料仓骨料的堆高不宜低于 6m 并应有足够的储备，通过地垄取料，搭盖凉棚，喷洒水雾降温（砂子除外）等。粗骨料预冷可采用风冷、浸水、喷洒冷水等措施。采用水冷法时，应有脱水措施，使骨料含水量保持稳定。采用风冷法时，应采取措施防止骨料（尤其是小石）冻仓。为防止温度回升，骨料从预冷仓到拌和楼，应采取隔热、保温措施。混凝土拌和时，可采用冷水、加冰等降温措施。加冰时，宜用片冰或冰屑，并适当延长拌和时间。

在高温季节施工时，应根据具体情况，采取下列措施，减少混凝土的温度回升：缩短混凝土运输及等待卸料时间，入仓后及时进行平仓振捣，加快覆盖速度，缩短混凝土的暴露时间，混凝土运输应有隔热遮阳措施，采用喷雾等方法降低仓面气温。混凝土浇筑宜安排在早晚、夜间及利用阴天进行。当浇筑块尺寸较大时，可采用台阶式浇筑法，浇筑块分层厚度小于 1.5m。混凝土平仓振捣后，采用隔热材料及时覆盖。

基础部位混凝土，应在有利季节进行浇筑。如需在高温季节浇筑，必须经过论证，并采取有效的温度控制措施。

在满足混凝土各项设计指标的前提下，应采用水化热低的水泥，优化配合比设计，减少混凝土的单位水泥用量，采取综合措施，来降低混凝土的水化热温升。基础混凝土和老混凝土约束部位浇筑层厚以 1～2m 为宜，上下层浇筑间歇时间宜为 5～10d。若在浇筑层中埋设冷却水管，分层厚度可采用 3m，层间间歇时间可适当延长。在高温季节，可采用表面流水养护混凝土，有利于表面散热。采用冷却水管进行初期冷却，通水时间由计算确定，一般为 15～20d。混凝土温度与水温之差，不宜超过 25℃，管中水的流速以 0.6m/s 为宜。水流方向应每 24h 调换 1 次，每天降温不宜超过 1℃。

2. 冬季混凝土的质量检验与控制

冬季混凝土施工，必须编制专项施工组织设计和技术措施，以保证浇筑的混凝土满足设计要求。

混凝土早期允许受冻临界强度应满足下列要求：大体积混凝土不应低于 7.0MPa，非大体积混凝土和钢筋混凝土不应低于设计强度的 85%。

低温季节，尤其在严寒和寒冷地区，施工部位不宜分散。已浇筑的有保温要求的混凝土，在进入低温季节之前，应采取保温措施。进入低温季节，施工前应先准备好加热、保温和防冻材料（包括早强、防冻外加剂）。

原材料的储存、加热、输送和混凝土的拌和、运输、浇筑仓面，均应根据气候条件选择适宜的保温措施。骨料宜在进入低温季节前筛洗完毕。成品料应有足够的储备和堆高，并要有防止冰雪和冻结的措施。低温季节混凝土拌和宜先加热水。当日平均气温稳定在 -5℃ 以下时，宜加热骨料。骨料加热方法，宜采用蒸汽排管法，粗骨料可以直接用蒸汽加热，但不得影响混凝土的水灰比。骨料不需加热时，应注意不能结冰，也不应混入冰雪。拌和混凝土之前，应用热水或蒸汽冲洗搅拌机，并将积水排除。

在岩基或老混凝土上浇筑混凝土前，应检测其温度，如为负温，应加热至正温，加热深度不小于 10cm 或以浇筑仓面边角（最冷处）表面测温为正温（大于 0℃）为准，经检验合格后方可浇筑混凝土。仓面清理宜采用热风枪或机械方法，不宜用水枪或风水枪。在软基上浇筑第一层基础混凝土时，基土不能受冻。

拌和用水加热超过 60℃ 时，应改变加料顺序，将骨料与水先拌和，再加入水泥，以免假凝。混凝土浇筑完毕后，外露表面应及时保温。新老混凝土接合处和边角应加强保温，保温层厚度应是其他面保温层厚度的 2 倍，保温层搭接长度不应小于 30cm。

四、喷射混凝土的质量检验与控制

施工前，除了对骨料的质量、级配及水泥与速凝剂相容性进行试验室试验外，还应对设备的运转、施工工人的熟练程度及拌和物设计进行试验或考核。

1. 骨料试验

喷射混凝土用的砂、石料一般要进行实验室试验以确定其质量。最常用的砂石试验见表 10-13。这些试验包括两种基本类型：即骨料的固有性质和骨料与水泥的反应。骨料固有性质试验能提供骨料的强度和耐久性资料。骨料与水泥的反应试验则可检验是否存在喷射混凝土膨胀的危险。干喷法细骨料的含水率必须定期测定，以保证含水率控制在最佳范围（即 5%～7%）内。骨料的吸水率往往构成总含水率的很大部分，因此也要加以测定，这部分水完全在骨料内部，不与水泥发生反应。喷射混凝土所使用的砂、石的典型吸水率分别为 0～2% 和 0.5%～1.0%（以质量计）。计算骨料含水率时应按吸水率进行调整。

表 10-13　　　　　　　　　　　　施工前和施工后试验项目

施工阶段	试 验 项 目
施工前	骨料质量、级配、含水率； 水泥与速凝剂的相容性； 配料作业称量准确性； 配料作业砂石体积比例准确性； 用大板法或用无底试模制成试件进行抗压强度试验
施工后	骨料级配、含水率； 新鲜喷射混凝土的配合比； 用大板法切割法或钻取法进行抗压强度试验

2. 水泥与速凝剂的相容性试验

水泥与速凝剂的相容性是用水泥净浆确定的。相容性试验包括凝结时间试验和立方体强度试验。速凝剂掺入量最低、凝结时间最快且最终强度损失又最少的水泥与速凝剂的结合被认为具有相容性。相容性试验在施工前和施工中都要进行。在施工中为要迅速检验相容性或控制质量，可只用 3% 速凝剂（以质量计）进行一次试验。粉状速凝剂应与水泥均匀拌和，液态速凝剂应加入水中拌和。水与水泥应充分拌和，但不应持续到超过初凝时间，一般应在水泥加水后 45s 内完成拌和。

3. 新鲜喷射混凝土的配合比

喷射混凝土的用水量全靠喷射手通过调节喷嘴处的阀门加以控制，预先是不能准确地设计水灰比的。预先设计的拌和料在喷射出现回弹后，也会发生变化。因此，测定新鲜喷射混凝土的配合比，以分析配合比对混凝土各项性能的影响就显得十分重要。

4. 强度检验

由于喷射混凝土施工工艺与现浇混凝土不同，因而其力学强度的检验也有所区别，它主要表现在试块的制取方法上。试块的制取可用大板切割法、钻取芯样法、无破损法或局部破损等方法。

　　大板切割法是在原材料、配合比、喷注方位、喷射条件与实际工程相同条件下，以尺寸为 45cm×35cm×12cm 的敞开模型，喷注混凝土板件，切割成 10cm×10cm×10cm 的试件（板件边缘松散部分必须切除丢弃，不得作试块用），在标准条件下养护至 28d，采用同普通混凝土同样的加荷方法，检验其抗压强度。只有当不具备切割制取试件的条件时，才可向边长为 100mm 或 150mm 的无底试模内喷射混凝土制取试块。其抗压强度换算系数，可通过试验确定。检查喷射混凝土抗压强度所需的试块应在施工中抽样制取。试块数量，每喷射 50～100m³ 拌和料或小于 50m³ 拌和料的独立工程，不得少于一组，每组试块不得小于 3 个。

　　钻取芯样法是为了确定实际结构物中喷射混凝土的强度值。为避免取芯和芯样加工时破坏砂浆与石子之间的黏结，被取芯的混凝土强度应不低于 10MPa。钻取混凝土芯样的设备宜使用带冷却装置的岩石或混凝土钻机，采用金刚石或人造金刚石钻头。取得的芯样应有工程质量代表性。取芯数量不宜少于 3 个。芯样直径应大于或等于混凝土中粗骨料最大粒径的 3 倍。一般做喷射混凝土抗压强度试验芯样的直径为 10cm，高 10cm。

　　5. 厚度检验

　　喷射混凝土施工时，可用测针等方法作为大致标准来控制喷层厚度。工程结束后可用施工前安于受喷面上的圆钉和外露锚杆端头检查其厚度。

　　对于地面工程，喷层厚度检查部位可视需要确定；对于地下工程，可按表 10 - 14 确定喷层厚度检查断面；但每一个独立工程检查数量不得少于一个断面；每一个断面的检查点，应从拱部中线起，每间隔 2～3m 设一个，但一个断面上，拱部不应少于 3 个点，总计不应少于 5 个点。

表 10 - 14　　　　　　　　地下工程喷射混凝土厚度检查断面的距离　　　　　　　　单位：m

隧洞跨度	间距	直径	间距
<5	40～50	<5	20～40
5～15	20～40	5～8	10～20
15～25	10～20		

　　喷层厚度检查合格条件为：当设计厚度为最小厚度时，则检查喷层厚度应大于设计厚度，当设计厚度为平均厚度时喷射厚度的平均厚度，应大于设计厚度。以隧洞工程为例，每个断面上，全部检查孔处的喷层厚度，60% 以上不应小于设计厚度，最小值不应小于设计厚度的 1/2，同时各检查孔处厚度的平均值，不应小于设计厚度值，方认为厚度检查合格。

五、水下混凝土的质量控制

　　水下浇筑混凝土，适用于围堰、水下建筑物局部破坏后的修补、防渗防漏和桥台基础等工程。由于水下混凝土施工条件较差，一般来说，混凝土质量较水上浇筑较低（如强度可能降低 50%～10%），而且不易控制。为此，更应加强质量检验与管理。

　　水下混凝土的检验方法按现行水工混凝土试验规程进行。

六、滑模混凝土的质量检验与控制

　　滑模施工工程质量的检查，必须遵守质量检查制度和规程。混凝土浇筑前，必须对滑模装置安装的质量全面复检验收，必要时进行加载试验。混凝土的施工质量检查除遵守常规混凝土检查的有关规定外，尚应检查混凝土的分层浇筑厚度，模板（体）的滑动速度，脱模后的混凝土有无坍落、拉裂和蜂窝麻面。对结构钢筋、插筋、各种预埋件的数量、位置以及钢筋、支承杆接头的焊接质量等进行检查。每滑升1～3m，应对建筑物的轴线、体形尺寸及标高进行测量检查，并做好记录。滑模施工过程中检查发现的质量问题，必须予以处理，并做好施工记录，作为评定施工质量和竣工验收的基本资料。

七、真空混凝土的质量检验

对真空混凝土的检验主要是混凝土强度，其检验多用立方体抗压强度试验，如需做抗折、抗渗等试验，也可做相应的试件进行试验。试件的制作主要有下述几种方法：

（1）同条件成型试件就是将真空混凝土试模置于与施工同条件的环境里成型、养护，然后以该试件的试验结果来反映施工质量。

（2）熟料成型法是将已进行真空脱水处理的混凝土拌和物，即真空混凝土拌和物"熟料"，从施工区域内挖取一部分将它放入标准试模中，按干硬性混凝土试件成型要求成型，待一定龄期后再进行强度等试验。

（3）钻芯法是在已结硬的真空混凝土上钻取圆柱形芯样，进行试验，以检验真空混凝土的质量。

复 习 思 考 题

10－1　混凝土的和易性检查有什么规定？

10－2　如何绘制混凝土强度控制图？

10－3　怎样对预制构件的结构性能进行检验？

10－4　碾压混凝土的质量如何进行控制？

10－5　怎样进行泵送混凝土的质量检验与控制？

10－6　喷射混凝土的骨料质量检验有何要求？

10－7　喷射混凝土的厚度如何进行测定？

10－8　夏季、冬季混凝土的质量如何进行控制？

10－9　如何对滑模混凝土的质量进行检验与控制？

10－10　如何对真空混凝土的质量进行检验？

第十一章 安 全 防 护

"安全第一、预防为主"，在混凝土工程施工过程中一定要坚持安全生产，创造良好的安全施工环境和秩序。混凝土工程施工的相关人员要熟悉安全知识，强化安全意识。

第一节 安全防护及安全技术

一、准备工作

安全生产的准备工作主要是对各项安全设施，认真检查其是否安全可行及有无隐患，尤其是模板支撑、脚手架、架设运输道路及指挥、联络信号等。施工现场的入口处和所有危险作业区域，都应悬挂安全生产宣传画、标语和安全色标，随时提醒工人注意作业安全。危险地段，夜间还应设红灯示警。凡施工作业高度在 2m 以上时，均应采取有效的防护措施。交叉作业处要设置隔离的安全技术措施，以防落物伤人。安全网是高处作业的重要防护设施，对安全网的使用要按标准定期进行冲击试验，合格后才能使用。悬挂作业时，工人必须系好安全带，才能进行作业。

此外，对上岗人员要求戴安全帽。安全帽是用来保护头部，防止物体打击头部的个人防护用品。如果戴用安全帽者由高空坠落，头部先着地而帽不脱落，还可避免或减轻撞击伤害。缓冲衬垫的松紧要由带子调节，人的头顶和帽体内部的空间至少要有 32mm 才能使用。这样在遭受冲击时不仅帽体有足够的空间可供变形，而且间隔还有利于头和帽体之间的通风。使用时安全帽要戴正，否则会降低安全帽对于冲击的防护作用。使用时安全帽下颌带要系结实，防止安全帽掉落而起不到防护作用。不要为了透气而在安全帽上随便开孔，避免安全帽帽体强度降低。要定期检查安全帽有无龟裂、下凹、裂痕和磨损等情况，不能使用有缺陷的帽子。

二、混凝土配料

在工作前，应检查所使用的一切工具是否良好、牢靠。工作前应校正磅秤，根据混凝土配料单准确计重。推土机推送砂石料时，要有行车警戒线。地垄、料口、料斗、磅秤等发生故障时，应停止工作后再进行处理。配料时，工作人员应偏离下料斗一定距离，慎防砾石伤人，如骨料弧门卡牢，应从侧面捅料。处理骨料卡死时，禁止用手掏摸。料口、称料口下料要匀称，防止猛下猛砸。使用带式输送机运料，应经常清扫撒落的砂石料，并应遵守带式输送机运行安全操作规程。要定时检查地垄，搅拌机台架等，发现问题并及时处理。

三、混凝土拌和

1. 人工拌制混凝土

少量混凝土采用人工搅拌时，要采用两人对面翻拌作业，防止铁锹等手工工具碰伤。

由高处向下推拨混凝土时，要注意不要用力过猛，以免惯性作用发生人员跟下摔伤事故。

2. 拌和站拌和

安装机械的地基应平整夯实，用支架或支脚筒架稳，不准以轮胎代替支撑。机械安装要平稳、牢固。对外露的齿轮、链轮、皮带轮等转动部位应设防护装置。开机前，应检查电气设备的绝缘和接地是否良好，检查离合器、制动器、钢丝绳、倾倒机构是否完好。搅拌机的操作人员应经过专门的技术和安全培训，并经考试合格后，方能正式操作。拌筒应有清水冲洗干净，不得有异物。启动后应注意搅拌筒转向与搅拌筒上标示的箭头方向一致。待机械运转正常后再加料搅拌。若遇中途停机、停电时，应立即将料卸出，不允许中途停机后重载启动。搅拌机的加料斗升起时，严禁任何人在料斗下通过或停留。不准用铁锹、木棒往下拨、刮搅拌筒口，工具不能碰撞搅拌机，更不能在转动时，把工具伸进料斗里扒浆。工作完毕后应将料斗锁好，并检查一切保护装置。未经允许，禁止拉闸、合闸和进行不合规定的维修。现场检修时，应固定好料斗，切断电源。进入搅拌筒内工作时，外面应有人监护。拌和站的机房、平台、梯道、栏杆必须牢固可靠。站内应配备有效的吸尘装置。操纵皮带机时，必须正确使用防护用品，禁止一切人员在皮带机上行走和跨越；机械发生故障时应立即停车检修，不得带病运行。

3. 拌和楼拌和

机械转动部位的防护设施，应经常检查，保持完好。电气设备和线路必须绝缘良好。电动机必须按规定接零接地。临时停电或停工时，必须拉闸、上锁。压力窗口应按规定定期进行压力试验，不得有漏风、漏水、漏气等现象。楼梯和挑出的平台，必须设安全护栏，马道板不得腐烂、缺损。冬季要防止结冰溜滑。消防器材应齐全、良好。楼内严禁存放易燃易爆物品。禁止明火取暖。楼内各层照明设备应充足，各层之间的操作联络信号必须准确可靠。机械、电气设备不得带病及超负荷运行，维修必须在停止运转拉闸后进行。检修时，应切断相应的电源、气路，并挂上"有人工作，不准合闸"的标示牌。

四、混凝土运输

1. 手推车运输

运输道路应平坦，斜道坡道坡度不得超过 8%。推车时应注意平衡，掌握重心，不准猛跑和溜放。向料斗倒料，应有挡车设施，倒料时不得撒把。推车途中，前后车距在平地不得不少于 2m，下坡不得少于 10m。用井架垂直提升时，车把不得伸出笼外，车轮前后要挡牢。行车道要经常清扫，冬季施工应有防滑措施。

2. 自卸汽车

装卸混凝土应有统一的联系和指挥信号。驾驶员必须严格遵守交通规则和有关规定。自卸汽车向坑洼地点卸混凝土时，必须使后轮与坑边保持适当的安全距离，防止塌方翻车。卸完混凝土后，自卸汽车应立即复原，不得边走边落。车辆倒车时，要有人指挥；倒车和停车不准靠近建筑物基坑（槽）边沿，以防土质松软车辆倾翻。在雨、雪、雾天气，车的最高时速不得超过 25km/h，转弯时，要防止车辆横滑。自卸车箱内严禁搭人。夜间行车，应适当减速，并开放灯光信号。

3. 吊罐运送

使用吊罐前，应对钢丝绳、平衡梁、吊锤（立罐）、吊耳（卧罐）、吊环等起重部件进行检查，如有破损则禁止使用。吊罐的起吊、提升、转向、下降和就位，必须听从指挥。指挥信号必须明确、准确。起吊前，指挥人员应得到两侧挂罐人员的明确信号，才能指挥起吊；起吊时应慢速，并应吊离地面 30～50cm 时进行检查，在确认稳妥可靠后，方可继续提升或转向。吊罐吊至仓面，下落到一定高度时，应减慢下降、转向及吊机行车速度，并避免紧急刹车，以免晃荡撞击人员。要慎防吊罐撞击模板、支撑、拉条和预埋件等。吊罐卸完混凝土后应将斗门关好，并将吊罐外部附着的骨料、砂浆等清除后，方可吊离。放回平板车时，应缓慢下降，对准并放置平稳后方可摘钩。吊罐正下方严禁站人。吊罐在空间摇晃时，严禁扶拉。吊罐在仓面就位时，不得硬拉。当混凝土在吊罐内初凝，不能用于浇筑，采用翻罐处理废料时，应采取可靠的安全措施，并有带班人在场监护，以防发生意外。吊罐装运混凝土时严禁混凝土超出罐顶，以防外落伤人。立罐门的托辊轴承、卧罐的齿轮，要经常检查紧固，防止松脱坠落伤人。

4. 混凝土泵

混凝土泵操作人员，必须经过训练，了解机械性能、操作方法，方可进行操作。混凝土泵应尽量安装在离浇灌工作面靠近的地点。地基必须坚实，保持泵体水平。开动时不允许有振动现象。悬臂动作范围内，禁止有任何障碍物和输电线路。操作时，操纵开关、调整手柄、手轮、控制杆、旋塞等均应放在正确位置，液压系统应无泄漏。为防止超径骨料进入承斗内卡塞导管，应在进料系统设专人监视扒拣。

五、平仓振捣

浇筑混凝土前应全面检查仓内排架、支撑、模板及平台、漏斗、溜筒等是否安全可靠。仓内脚手架、支撑、钢筋、拉条、预埋件等不得随意拆除、撬动，如需拆除、撬动时，应征得施工负责人的同意。平台上所预留的下料孔，不用时应封盖。平台除出入口外，四周均应设置栏杆和挡板。仓内人员上下应设置靠梯，严禁从模板或钢筋网上攀登。吊罐卸料时，仓内人员应注意躲开，不得在吊罐正下方停留或操作。平仓振捣过程中，要经常观察模板、支撑、拉筋等是否变形。如发现变形有倒塌危险时，应立即停止工作，并及时报告。操作时不得碰撞、触及模板、拉条、钢筋和预埋件。不得将运转中的振捣器，放在模板或脚手架上。仓内人员要集中思想，互相关照。浇筑高仓位时，要防止工具和混凝土骨料掉落仓外，更不允许将大石块抛向仓外，以免伤人。使用电动式振捣器时，须有触电保安器或接地装置。搬移振捣器或中断工作时，必须切断电源。湿手不得接触振捣器的电源开关。振捣器的电缆不得破皮漏电。下料溜筒被混凝土堵塞时，应停止下料，立即处理，处理时不得直接在溜筒上攀登。电气设备的安装拆除或在运转过程中的事故处理，均应由电工操作。

六、施工缝处理

冲毛、凿毛前应检查所有工具是否可靠。多人同在一个工作面内操作时，应避免面对面近距离操作，以防飞石、工具伤人。严禁在同一工作面上下层同时操作。使用风钻、风镐凿毛时，必须遵守风钻、风镐安全技术操作规程。在高处操作时应用绳子将风钻、风镐拴住，并挂在牢固的地方。检查砂枪枪嘴时，应先将风阀关闭，并不得面对枪嘴，也不得将枪嘴指向他人。使用砂罐时须遵守压力窗口安全技术规程。当砂罐与风砂枪距离较远时，中间应有专人联系。用高压水冲毛，风、水管须装设控制阀，接头应用铅丝扎牢。使用冲毛机操作时，还应穿戴好防护面罩、绝缘手套和长筒胶靴。冲毛时要防止泥水冲到电气设备或电力线路上。工作面的电线灯头应悬挂在不妨碍冲毛的安全高度。仓面冲洗时应选择安全部位排渣，以免冲洗时石渣落下伤人。

七、养护

已浇完的混凝土，应加以覆盖和浇水，使混凝土在规定的养护期内，始终能够保持足够的润湿状态。拉移胶水管浇水养护混凝土时，不得倒退走路，注意梯口、洞口和建筑物的边沿处，以防误踏失足坠落。禁止在混凝土养护窖（池）边沿上站立或行走，同时应将窖盖板和地沟孔洞盖牢和盖严，严防失足坠落。养护用水不得喷射到电线和各种带电设备上。养护人员不得用湿手移动电线。养护水管要随用随关，不得使交通道、转梯、仓面出入口、脚手架平台等处有长流水。在养护仓面上遇有沟、坑、洞时，应设明显的安全标志。必要时，可铺安全网或设置安全栏杆。禁止在不易站稳的高处向低处混凝土面上直接洒水养护。高处作业时应执行高处作业安全规程。

八、预埋件和止水

吊运各种预埋件及止水、止浆片时，应绑扎牢靠，慎防在吊运过程中滑落。预埋件的安装必须牢固稳妥，不得草率，以防脱落伤人。焊接止水、止浆片时，应遵守焊接作业安全技术操作规程。

第二节　施工现场安全事故紧急救护

一、烧伤

迅速脱离热源，保护受伤部位，用清洁衣服、被单将创面简单包扎，以免污染。轻度烧伤只需保持创面清洁，用烧伤膏（油）涂抹。大面积烧伤经急救后迅速送医院救治。抢救过程中要安抚伤员，稳定其情绪。

二、触电

尽快使伤员脱离电源，用非导体绝缘物（如干竹棍、干木棍）将电线拨开，切忌在电源未切断前用手拉伤员，以免抢救者相继自身触电，也可迅速拉开电源开关断电。

触电者伤势不重，神志清醒，未失去知觉，但内心惊慌，四肢麻木，全身无力，或触电者在触电过程中曾一度昏迷，但已清醒过来，则应保持空气流通和注意保暖，使触电者安静休息，不要走动，严密观察，并请医生进行诊治，或送往医院。

若触电者伤势严重，已失去知觉，但心脏跳动和呼吸还存在，对此种情况，应使触电者舒适，安静地平卧；周围不围人，使空气流通；解开他的衣服以利呼吸，如天气寒冷，要注意保温，并迅速请医生诊治或送往医院。若触电者呼吸困难，面色发白，发生痉挛，应立即请医生作进一步抢救。

若触电者伤势严重，呼吸停止或心脏停止跳动，或两者都已停止，仍不可以认为已经死亡，应立即施行人工呼吸或胸外心脏按压，并迅速请医生诊治或送医院。但应注意，急救要尽快地进行，不能等医生的到来，在送往医院的途中，也不能中止急救。

三、人工呼吸

各种原因所致的呼吸骤停，应进行人工呼吸。现场采用口对口人工呼吸法简便易行，效果较好，操作步骤如下：松开伤员衣领、裤带等紧身物品，并将其置于仰卧位，使头尽量后仰；托起下颌，以解除舌后坠对咽部的阻塞；操作者站在伤员一侧，一手托起伤员下颌；另一手捏紧伤员鼻孔，操作者深吸一大口气后，对准伤员的口用力将气吹入，但不宜过大过猛，直至伤员上胸部升起为度；吹气完毕后，立即放松捏鼻孔的手，以让其胸廓及肺自行回缩，出现呼气动作，将肺内残气自行排出。如此反复进行，成人 15～18 次/min。患者自主呼吸恢复后，可停止人工呼吸。

四、胸外心脏按压

各种原因所致的心跳骤停，现场采用心脏按压方法急救，操作方法如下：将伤员就地仰卧，解开伤员上衣，头后仰 $10°$ 左右；操作者站于（或跪于）伤员一侧，以一手掌部置于另一手背上，双手重叠放在患者胸骨下 1/3 处，两臂伸直，借体重和肩臂力量垂直向下作有节律的冲击性按压；操作者按压用力要适当，不能过猛，以免发生肋骨骨折、肺损伤等；每次按压应使胸骨下陷 2～4cm，略作停顿后即放松，使胸骨自行弹回原位；按压与松开时间相等。松开时操作者手根部不离开胸壁，如此力量均匀，位置固定，有节奏反复进行，成人 70～80 次/min。如有两人进行抢救，则可一人进行口对口人工呼吸；另一人进行心脏按压；每作 4～5 次心脏按压后，口对口吹气一次；只有一人进行，则可连做 15 次心脏按压后口对口吹气 2 次。

五、止血、包扎

创伤多伴有出血，现场急救要求迅速，准确地止血。止血方法一般有：加压包扎法、指压止血法和止血带止血法三种。现场急救中最常用的临时止血法是加压包扎法，适用于毛细血管，静脉和小动脉出血。方法是先抬高伤肢使静脉血回流，然后用干净毛巾、布料等折成比伤口稍大的布垫盖住伤口，再用绷带或布条适当加压缠绕包扎，松紧以达到止血为准。

六、固定

骨折或关节损伤人员，应做局部临时固定，目的是减轻疼痛，避免再损伤，以便于运送。固定方法如下：选择合适的固定材料，如木棍、木板等，敷料采用毛巾、布带等。如伤口有出血，应先行止血包扎后再固定骨折。用夹板固定骨折时要固定骨折上下关节，夹板不要和皮肤直接接触，骨隆突处和空隙部用毛巾或布垫好，以防局部固定不稳或受压。固定要牢固，松紧应适度。

七、中暑

在混凝土工程夏季施工过程中，大多露天作业，在高温天气下施工，除长时间受太阳辐射外，同时混凝土在硬化过程中释放大量的水化热，这使的混凝土浇筑仓内的温度很高，其作业人员易发生中暑。轻者全身疲乏无力、头晕、头痛、烦闷、口渴、恶心、心慌；重者可能突然晕倒或昏迷不醒。遇到这种情况应立即进行急救，让病人平躺，并放在阴凉通风处，松解衣扣腰带，慢慢地给患者喝一些凉开（茶）水、淡盐水或西瓜汁等，可以给病人服用十滴水、仁丹、藿香正气片（水）等消暑药。病重者，要及时送往医院治疗。预防的简便方法是：平时应有充足的睡眠和适当的营养；工作时，应穿浅色且透气性好的衣服，争取早出工，中午延长休息时间，备好消暑解渴的清凉饮料和一些防暑的药物。

复习思考题

11-1 搅拌机运行应注意哪些安全问题？

11-2 拌和楼拌和混凝土时应注意哪些安全问题？

11-3 用手推车运输混凝土的安全要求是什么？

11-4 用吊罐运送混凝土时应采取哪些安全措施？

11-5 怎样安全地进行混凝土的平仓振捣？

11-6 施工缝处理时应采取哪些安全措施？

11-7 混凝土养护时应采取哪些安全措施？

11-8 怎样抢救烧伤病人？

11-9 触电的抢救措施是什么？

参 考 文 献

[1] 刘道南. 混凝土工艺. 北京：中国水利水电出版社，2000.

[2] 余仁国，马永超. 混凝土工. 北京：中国环境科学出版社，2003.

[3] 李立权. 混凝土工操作技巧. 北京：中国建筑工业出版社，2003.

[4] 魏璇. 水利水电工程施工组织设计指南. 北京：中国水利水电出版社，1999.

[5] 董邑宁. 水利工程施工技术与组织. 北京：中国水利水电出版社，2005.

[6] 蔡兵. 混凝土工基本技能. 北京：中国劳动社会保障出版社，2006.

[7] 付元初，等. 水利水电工程施工手册—混凝土工程. 北京：中国电力出版社，2002.

[8] 李继业，刘福胜. 新型混凝土适用技术手册. 北京：化学工业出版社，2004.

[9] 陈涛. 2006年新编水利水电工程建设实用百科全书. 北京：中国科技文化出版社，2006.

[10] 蒋泽汉. 预应力混凝土实用施工技术. 成都：四川科学技术出版社，2000.

[11] 江正荣. 建筑施工计算手册（12）预应力混凝土工程. 北京：中国建筑工业出版社，2001.

[12] 熊学玉，黄鼎业. 预应力工程设计施工手册. 北京：中国建筑工业出版社，2003.

[13] 王定一，王宇红，胡长改. 简明预应力混凝土施工手册. 北京：中国环境科学出版社，2003.

[14] 王雨群. 混凝土工程施工与质量验收实用手册. 北京：中国建材工业出版社，2004.

[15] 李向东，梁顾山. 安全员. 北京：中国水利水电出版社，2006.

[16] 国家发展和改革委员会. 水工混凝土配合比设计规程（DL/T 5330—2005）. 北京：中国电力出版社，2005.

[17] 中华人民共和国建设部. 普通混凝土配合比设计规程（JGJ 55—2000）. 北京：中国建筑工业出版社，2000.

[18] 中华人民共和国水利部. 混凝土重力坝设计规范（SL 319—2005）. 北京：中国水利水电出版社，2005.

[19] 中华人民共和国水利部. 水工建筑物抗冰冻设计规范（SL 211—2006）. 北京：中国水利水电出版社，2006.

[20] 中华人民共和国国家经济贸易委员会. 水工混凝土试验规程（DL/T 5150—2001）. 北京：中国电力出版社，2001.

[21] 中华人民共和国建设部. 混凝土用水标准（JGJ 63—2006）. 北京：中国建筑工业出版社，2006.

[22] 中华人民共和国国家经济贸易委员会. 水工混凝土砂石骨料试验规程（DL/T 5151—2001）. 北京：中国电力出版社，2001.

[23] 国家经济贸易委员会. 水工混凝土施工规范（DL/T 5144—2001）. 北京：中国电力出版社，2001.

[24] 国家发展和改革委员会. 水工混凝土掺用粉煤灰技术规范（DLT 5055－2007）. 北京：中国电力出版社，2007.

[25] 中华人民共和国建设部. 混凝土泵送施工技术规程（JGJ/T 10—95）. 北京：中国建筑工业出版社，1995.

[26] 水工碾压混凝土试验规程（DL/T 511200）. 北京：中国电力出版社，2001.

[27] 中华人民共和国建设部. 混凝土结构设计规范（GB 50010—2002）. 北京：中国建筑工业出版社，2002.

[28]　中华人民共和国水利部. 水工混凝土结构设计规范（SL 191—2008）. 北京：中国水利水电出版社，2008.

[29]　中国工程建设标准化协会标准. 建筑工程预应力施工规程（CECS 180—2005）. 北京：中国计划出版社，2005.

[30]　中华人民共和国建设部. 无黏结预应力混凝土结构技术规程（JGJ 92—2004）. 北京：中国建筑工业出版社，2004.

[31]　国家质量监督检验检疫总局. 预应力混凝土用钢材（CCGF 305.4—2008）. 北京：中国标准出版社，2008.

[32]　国家质量监督检验检疫总局. 预应力混凝土用钢丝（GB/T 5223—2002）. 北京：中国标准出版社，2002.

[33]　国家质量监督检验检疫总局. 预应力混凝土用钢绞线（GB/T 5224—2003）. 北京：中国标准出版社，2003.

[34]　国家质量监督检验检疫总局. 预应力混凝土用钢棒（GB/T 5223.3—2005）. 北京：中国标准出版社，2005.

[35]　中华人民共和国建设部. 无黏结预应力钢绞线（JG 161—2004）. 北京：中国建筑工业出版社，2004.

[36]　国家质量监督检验检疫总局. 预应力筋用锚具、夹具和连接器（GB/T 14370—2007）. 北京：中国建筑工业出版社，2007.